科普图书馆

"科学就在你身边"系列

用科技渲染未来生活

——谈电子世界

总 主 编 杨广军
副总主编 朱焯炜 章振华 张兴娟
胡 俊 黄晓春 徐永存
本册主编 潘建磊
本册副主编 娄秀红

上海科学普及出版社

图书在版编目（CIP）数据

用科技渲染未来生活：谈电子世界 / 杨广军主编. —上海：上海科学普及出版社, 2014(2023.3重印)
(科学就在你身边)
ISBN 978-7-5427-5705-0

Ⅰ. ①用… Ⅱ. ①杨… Ⅲ. ①电子技术-普及读物
Ⅳ. ①TN-49

中国版本图书馆 CIP 数据核字(2013)第 047288 号

组　　稿　胡名正　徐丽萍
责任编辑　刘湘雯

"科学就在你身边"系列
用科技渲染未来生活
——谈电子世界
总主编　杨广军
副总主编　朱焯炜　章振华　张兴娟
胡　俊　黄晓春　徐永存
本册主编　潘建磊
本册副主编　娄秀红
上海科学普及出版社出版发行
(上海中山北路 832 号　邮政编码 200070)
http://www.pspsh.com

各地新华书店经销　北京一鑫印务有限公司印刷
开本 787×1092　1/16　印张 15　字数 230 000
2014 年 1 月第 1 版　　2023年 3月第 3次印刷

ISBN 978-7-5427-5705-0　　定价：48.00元

卷首语

电子技术是20世纪初才发展起来的科技，它是人类最伟大的科学之一，它是现代电子信息技术的基础，它与通信技术、材料技术、信息技术、自动化技术及计算机技术日渐融合，造就了丰富多彩的电子世界，也成就了我们的现代的生活与数字时代。

电子产品无处不在，它改变了我们的生活、我们的习惯，甚至我们的思想，它让我们的世界更丰富多彩，也让我们可以想象未来的无所不能。让我们思绪腾飞，进入未来，想象一下，我们的未来又可能是怎样的美丽生活吧。

来吧，让我们一起进入本书，一起体验与品味电子世界，一起感受它的神奇魅力，一起去想象用科技渲染的美好未来吧……

目 录

小电子闹大革命——电子技术的兴起与发展

初识庐山真面目——电子零部件

沟通无限——生活与通信

“随身”演义——完美视听世界

电子无处不在——电子化的生活

目　录

爱恨有加——谁是电子产品的“奴隶”

让梦想起航——未来电子世界

小电子闹大革命

——电子技术的兴起与发展

当你早上起来，坐在餐桌边和父母一起享受现代厨具带来的便捷，当你走在上学路上看到汽车带来的快速，当你坐在多媒体教室体验学习的乐趣，当你学习之余拿起随身的 MP3 聆听美妙的音乐，当你放学回家打开电视机关注明天的天气，你是否想到是什么让我们的生活变得如此丰富？我们身边的电子产品是怎么来的？它们由什么组成？它们的祖先又是谁？当我们享受这一切时，我们不能忘记电子技术史上的伟人们。让我们一起坐上时光机器来感受这段曲折的历史吧……

开山鼻祖——电子管

◆历史上的电子管

一提起电子管，恐怕我们很多人都不知道，更没见过它长什么样子。它早已成为历史的老古董，躺在科学技术历史博物馆里面休息了。但是，就是它，电子管，是我们整个电子时代的开创者，是我们周围这些形形色色的电子产品的老祖宗。

说它是老祖宗，其实它的年龄并不大，真正的第一只电子管的诞生还是上一世纪初的事情，就是它的诞生，标志着整个电子时代的到来，电子技术从此以惊人的速度发展起来，从电子管到晶体管，到后来伟大的电子产品计算机的出现，再到电子技术渗透到社会的各个领域，这样才有了我们现在多彩的电子世界。让我们满怀敬意，去认识一下这位电子界的长者——电子管。

什么是电子管

◆电子管产品

电子管是在真空的玻璃管中装有两个隔离的电极的一种器件。两个电极一端是灯丝，另一端是金属片，只有金属片带正电时，两个电极之间才有电流流过。因此，在电子二极管中，电流只能朝一个方向流动。电子管在早期是用于收音机、电视机等电子产品中。即使到现在，在一些高保真音响中，还可以看到电子管的身影。

电子管的体积比较大，并且很耗电，寿命也短，由于其外壳是玻璃管，结构也脆弱，所以随着电子技术发展，逐渐被有更好性能的晶体管所替代。

电子管的诞生

电子管的历史要追溯到 19 世纪，话说历史上著名的英国物理学家弗莱明，在他年轻时期，伟大的美国发明家爱迪生已经声誉全球。他听说了爱迪生申报的专利“爱迪生效应”，非常感兴趣，就不畏艰险，远涉重洋来到美国拜会爱迪生，向他请教这一效应。

由于电子管负载能力强，某些方面的性能优于晶体管，所以即使在当代，电子管还在一些特殊的地方发挥着余热。

1904 年，弗莱明根据“爱迪生效应”在一只有真空玻璃外壳的白炽灯内，加入了一块金属极板，这样世界上第一只真空二极电子管就诞生了。他把这种有两个极的装置叫做二极管。从此，电子工业的星星之火被点燃，这样才有了后来电子技术的燎原之势。

◆德福雷斯特的真空三极管

弗莱明发明的二极管，刚开始应用领域却很小，对当时无线电的发展没有产生大的冲击。两年后，美国的物理学博士德福雷斯特在弗莱明发明的二极管的阳极和阴极之间加了一个栅网状的电极，制造了世界上第一只具有放大作用的真空三极管，至此，电子管才真正得到大量的应用。所以有人将德福雷斯特称为“电子管之父”。

轶闻趣事——伟人也有失手时

伟大的发明家爱迪生是家喻户晓的人物，他为了研究白炽灯的寿命，如右图所示那样在灯泡的灯丝附近焊上一块金属片，当点亮灯丝时，他发现一个奇怪的现象：金属片虽然没有与灯丝连接，但是在它们之间加上电压却会产生电流。这股神秘的电流是从哪里来的？爱迪生无法解释它，但他却将这一发明注册了专利，称之为“爱迪生效应”。不幸的是爱迪生没有将这一发明进一步投入到应用中，被弗莱明利用这一效应制造出了第一个电子管，成为了电子技术第一人。看来，伟人也有失手的时候啊。

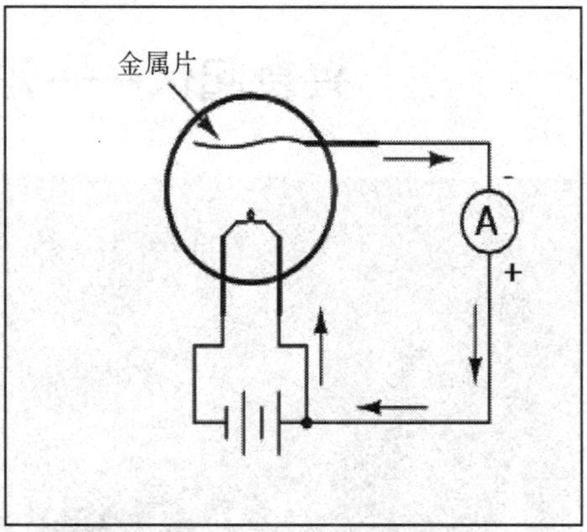

◆爱迪生效应

名人介绍——伟大的德福雷斯特

德福雷斯特1873年8月26日出生于美国爱荷华州，20岁那年考取了耶鲁大学，26岁获得物理学哲学博士学位。1899年，他有幸遇到无线电发明家马可尼，并向他请教无线电设备，马可尼告诉他无线电设备的“金属屑检波器”灵敏度大大影响了收发效果，由此激发了德福雷斯特对无线电的兴趣，在1902年创办了德福雷斯特无线电报公司，并致力于检波器的研究。1904年，当弗莱明发明真空二极管的消息传来，他在此基础上又做深入研究，最终发明了三极管，使电子管应用得到极大推广，电子管成为了一种划时

◆美国发明家——德福雷斯特

代的元器件。

在帕洛阿托市的德福雷斯特故居，至今依然矗立着一块小小的纪念牌，上面写着一行文字：“李·德福雷斯特在此发现了电子管的放大作用。”以此来纪念这项伟大发明为新兴电子工业所奠定的基础。

兴衰起伏——短暂的电子管时代

◆形形色色电子管

随着电子管被推广使用，电子管的家族也逐渐庞大起来。按照电子管的用途来分有电压放大管、检波管、稳压管等，按照它的外形来分有瓶形玻璃管、金属瓷管、小型管、塔形管等，还可以按照电子管的内部结构分为二极管、三极管和多级管。这形形色色的电子管被应用的领域非常广泛，推动着电子工业的历史车轮不断向前。

电子管发明以后，尤其是三极管的发明，使得电子学这门新兴的学科得以迅速地成长。但是，电子管时期只是刚刚起步，真正的腾飞到晶体管阶段才出现。

随着科技的发展，人们对电子产品需求向越来越小的体积发展，这样，大个头电子管就不能满足人们的要求了，而且电子管由于结构的原因在移动过程中很容易损坏。看那电子管玻璃的外套，让我们只能小心翼翼地对待它，这样更使它的推广受到很大限制。人类开始从电子管发明的兴奋中慢慢冷静下来，开始考虑有没有其他个头小、不易碎的产品来代替它？在人们对材料的研究过程中，发现了材料中的中间派——半导体可以大有作为，如果再把它们掺杂起来，会不会产生神奇的现象？这一时期，世界各国的科学家们在对锗和硅的理论研究方面取得了进展，这样对电子技术向晶体管时代进发打好了基础。

社会在进步，科学在发展，不能适应发展的电子管注定要成为历史，

电子时代爆炸式的发展随着晶体管的发明一触即发。

动手做一做

向自己的爷爷奶奶了解电子管吧

电子管退出历史舞台还是20世纪的事，20世纪初，由于我国所处历史的原因，电子技术的发展受到一定的阻碍，直到解放以后电子管的电视机、收音机还在流行着，去向长辈询问对电子管产品的印象，感受一下我国电子技术的飞速发展。

拓展思考

1. 你对电子管了解多少呢？知道它的工作原理吗？
2. 第一只电子管发明时我国处于什么样的时期呢？
3. 你知道二极管与三极管的主要区别在哪里吗？

电子技术史之奇葩——晶体管

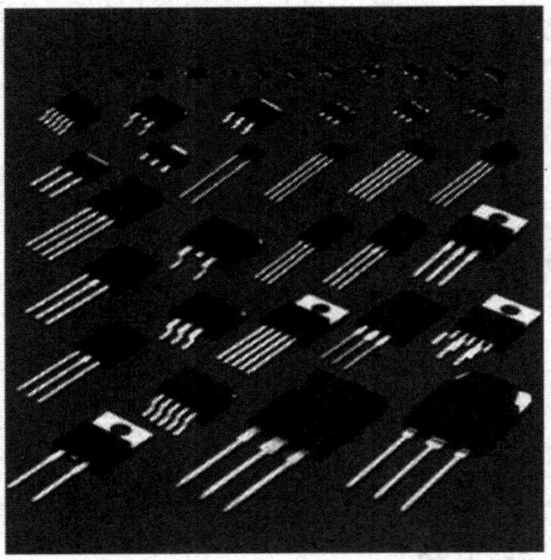
◆晶体管

电子管的出现让人们对电子工业充满了期待，它使当时的无线电报得到极大的发展，让越海跨洋的对话成为了现实。但是电子管那笨重的身躯、脆弱的生命让人们爱之恨之。这时，晶体管站了出来，人们对电子的痴狂重新被点燃。

不要说你对晶体管不熟悉，其实它整天都在我们周围默默地为我们服务。电视机里面，电脑里面，手机、MP3里面……晶体管的身影无处不在。那它到底有什么神奇的地方？它又是怎样替代电子管的呢？它现在发展到什么水平了？让我们一起来认识这位风靡全球的电子界奇葩吧。

什么是晶体管

说起晶体管就不得不提一种特殊的材料——半导体。它是19世纪才发现的一种材料，但是当时人们并没有发现它的价值。晶体管就是一种用固体半导体做成的器件，它有信号放大、开关、稳定电压、信号调制等功能。最常用的功能是作为一种可变开关，根据输入的电压，能够控制输出的电流的大小。它是固体的，不像电子管那

◆晶体管电视机

么脆弱，它的出现开创了电子技术的一个崭新的时代——固体电子技术时代。正是它的出现，才有了我们现在的数字化信息时代。

点击——认识半导体

我们应该知道，允许电流通过的材料是导体，像绝大多数金属，如金、银、铜等。不允许电流通过的材料是绝缘体，如玻璃、橡胶等。19世纪末，人们又发现一些特殊的材料，它们允许电流通过的程度，是介于导体和绝缘体之间的，比如锗、硅，人们把这些材料叫做半导体。

半导体有它神奇的地方，它们一旦受到光照或者在它们里面掺入极少量的杂质后，它们允许电流通过的能力会提高成百上千倍。科学家正是利用半导体的这种特性制成了各种各样的电子元器件，举世闻名的晶体管就是拜半导体所赐。

历史中的它——晶体管

早在20世纪30年代，由于电子管的种种缺陷，人们就开始尝试制造耐用的固体电子元件来代替电子管。当时刚发现不久的半导体，引起了科学家们的兴趣。许多科学家都投入到半导体材料的研究当中。这期间，一些科学家在有关锗和硅的理论研究方面取得了进展，为后来晶体管的发明奠定了很好的基础。1945年贝尔实验室成立半导体研究小组，小组主要由威廉·肖克利、约翰·巴丁和沃尔特·布拉顿等科学家组成。这几位伟大的科学家凭着敏锐的直觉，断定新一代电子元件必定在半导体中产生。他们深入

◆美国物理学家——威廉·肖克利

研究半导体的导电性质，进行着各种各样的尝试。

◆美国物理学家——沃尔特·布拉顿

经历一次又一次的失败后，在1947年12月23日，这个值得世人铭记的日子，人们终于获得了盼望已久的“宝贝”。这一天，巴丁和布拉顿把两根带电的探针放在锗半导体晶片的表面上，当两个探针十分靠近到相距0.05毫米时，奇迹出现——放大作用发生了。世界第一只固体放大器——晶体管也随之诞生了。1956年，威廉·肖克利、约翰·巴丁和沃尔特·布拉顿也因晶体管的发明获得了当年的物理学诺贝尔奖。

由于它的外形带有三个电极，人们习惯称它为三极管。这就是我们现在通常所说的三极管。这位三条腿的“魔法师”虽然刚开始没有引起人们的注意，但的确一个新的时代已经实实在在地展现在世人的面前，就是它指引着人们见证了一个又一个的奇迹，说它是20世纪最伟大的发明之一绝不为过，这项伟大的发明开创了一个时代。

◆美国物理学家——约翰·巴丁

刨根问底儿——晶体管是怎么工作的

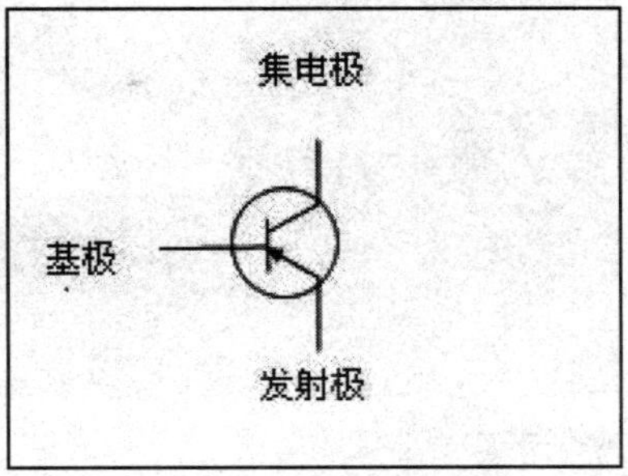

◆晶体管的工作原理

晶体管这个三条腿的“魔法师”有三个电极，分别叫基极、集电极、发射极，通过三根导线引出管外。三个电极中基极能起控制作用，如果给这个电极通上电流，晶体管内部的电子开关就接通，其他两个电极就会有电流通过；如果不给这个电极电流，开关就断开，另外两个电极也就没有电流，这是晶体管的开关，晶体管还有放大功能。这样，晶体管能代替电子管工作，因此，晶体管问世以后，立即得到了迅速发展并且代替了电子管的位置。

比一比——晶体管为什么这么好

◆笨重的电子管收音机

晶体管的发明可以说是电子技术发展史上的一座里程碑，是绽放在电子技术之树上的一朵绚丽多彩的奇葩。之所以它有这么重要的地位，是因为它与电子管相比有诸多优点：

首先要说的是晶体管的结构，它是固体的结构，结实耐用。而电子管则因为一极要高温还要求真空，长时间高温电极会慢慢消耗而报废，真空也会慢慢漏气，这样晶体管的寿命一般要比电子管长 100 到 1000 倍。

还有，晶体管耗电极少，而电子管在耗电上无法与晶体管相比，单是要加热灯丝就耗去大量电能了。除了耗电之外，电子管开启的时候还要有个预热的过程，这对于晶体管来说就没有必要了。

从个头上来说电子管也是无法比拟的，早期电子管体积就是晶体管的

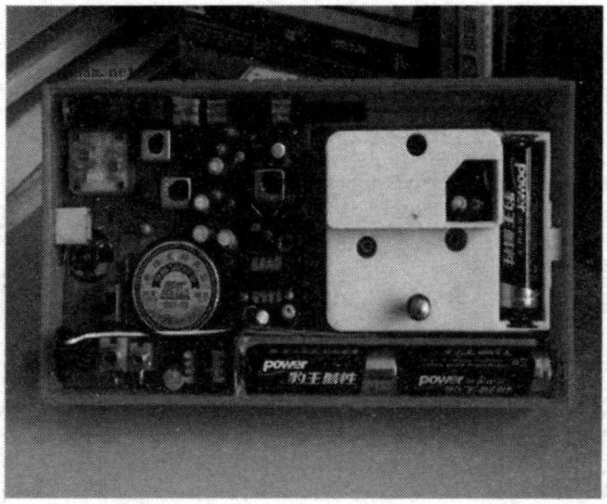
◆便携式晶体管收音机

十倍甚至百倍，可以想象，制造同样的产品，需要的器件越多，电子管产品的个头就比晶体管产品的越大，这样电子管就不能适应人们对电子设备小型化的要求了。

当然，除了这些与电子管相比的优势以外，它最大的贡献是它的开关原理，用开关两个状态表示 0、1，这可是我们现代数字化时代的根基啊。

晶体管和它的后代们

小小晶体管带给世界的变化却是惊人的。今天能够进入信息时代，从一定意义上讲，全托三只脚的“魔法师”这个神奇小东西之福。将早期的电子管比作电子工业的“曾祖父”的话，那么晶体管就无愧于现代电子业之父的称号。在现代生活中它的原形已很难再见到，今天大多数人所熟悉的是它的后代们——大规模、超大规模集成电路。现在，一块银行卡大小的面积上可以放 60 亿个晶体管，虽然与刚开始的晶体管相比早已面目全非，但它们的内容没变，正是它们造就了我们一个新的时代，小小的个头值得我们深情的对它说一声“谢谢你，晶体管！”

知识窗

晶体管与数字化

晶体管是数字电路的基本组成单元，正是在晶体管开关的两个状态表示了数字化的基础——“0”和“1”上，数以亿万计的晶体管组成了计算机的大脑，成为了人类大脑的延伸。上至遨游太空的卫星，下到畅游海底的潜艇，远至天外的火星探测器，近如随身佩戴的电子手表、手机，成就了我们多彩的数字化时代。

拓展思考

1. 晶体管与电子管相比有哪些优点呢？
2. 注意观察你的周围，看看电子产品上的晶体管都是什么样子的？
3. 你知道集成电路是什么吗？

电子产品大瘦身——集成电路

◆一块集成电路

电子元器件从电子管发展到晶体管，各种电子产品的个头比原来小了很多，也变得经久耐用了。但是晶体管发展初期，用晶体管制造出来的产品跟现在我们周围的电子产品还是没法相比的。假如我们手上小小的MP3在当时能够用晶体管造出来的话，造出来的个头估计需要大卡车才能拉动！我们不免惊叹我们手里拿着的小家伙了，是什么力量让电子产品的个头变得如此之小？这便是集成电路的功劳。那么集成电路是什么？它是怎么来的？它都由什么构成？不要急，让我们从这里开始揭开这个小小魔块的秘密吧！

集成电路是什么

集成电路（Integrated Circuit，简写为IC，俗称芯片）是一种微型的电子器件，是20世纪最伟大的发明之一。集成电路是采用特定的工艺，把一个电路中所需的晶体管、二极管、电阻、电容和电感等元件及导线互相连接在一起，制作在一小块或几小块半导体材料的基片上，然后封装在一个外壳内，成为具有特定电路功能的微型结构。这样，所有元器件构成一个整体，整个电路的体积大大缩小，并且引出线和焊接点的数目也大为减少，从而使电子元件向着微小型化、低功耗和高可靠性方面迈进了一大步。

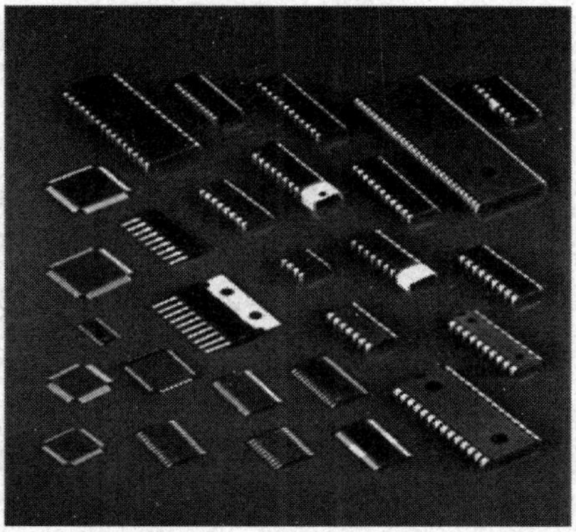

◆各种集成电路

这样制成的集成电路体积很小，重量也轻，引出线和焊接点少，具有寿命长、可靠性高、性能好等诸多优点，同时成本低，便于大规模生产。我们周围的电子产品像电视机、收音机、电脑、手机等，里面都有很多的集成电路，正是这些集成电路，加上不能集成的外围元器件，共同焊接在一块电路板上，实现了丰富多彩的功能。这种用集成电路来装配的电子设备，其装配密度比晶体管可提高几十倍至几千倍，设备的稳定性也可大大提高。

电子产品中那块大多是绿色的上面焊有密密麻麻元器件的是电路板，是电子产品的工作面，上图中有很多腿的就是集成电路。

聪明的人类——电路集成之路

说起集成电路的来历，还得从发明了晶体管以后说起。晶体管的发明弥补了电子管的不足，但工程师们很快又遇到了新的麻烦。为了使用晶体管等元器件连接成电路，工程师不得不亲自手工组装和焊接这些二极管、三极管、电容器等独立的元件，晶体管相比电子管变小了，手工焊接的做法变得不切实际了，而且也不可靠。

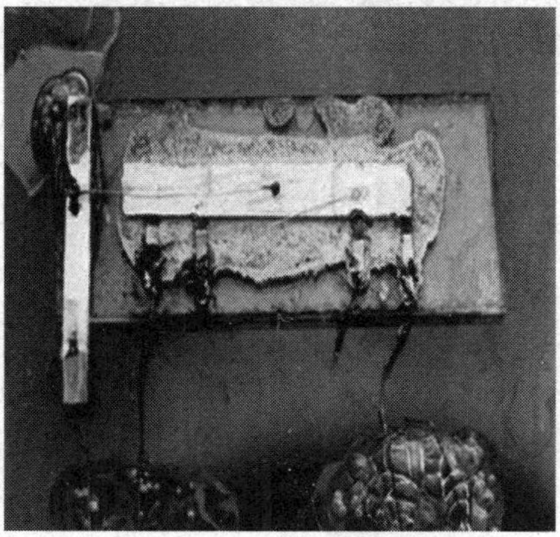

◆第一块集成电路

1958 年，美国德克萨斯仪器公司的一位工程师杰克·基尔，用几根零乱的电线将五个电子元件连接在一起，就形成了历史上第一个集成电路。虽然它看起来并不美观，但事实证明，其工作效能要比使用离散的部件要高得多。在基尔研制出第一块可使用的集成电路后，1960 年，仙童公司制造出第一块可以实际使用的单片集成电路。1959 年，德克萨斯仪器公司首先宣布建成世界上第一条集成电路生产线。1962 年，世界上出现了第一块集成电路正式商品，这预示着第三代电子器件——集成电路已正式登上电子时代舞台。2000 年，杰克·基尔凭借着发明半导体集成电路获得诺贝尔物理学奖。

家族兴旺——集成电路之发展

◆焊在电路板上的音效集成电路

◆第一个微处理器——英特尔 4004

随着社会发展，集成电路集成度越来越高，现在分为了小规模集成电路、中规模集成电路、大规模集成电路、超大规模集成电路、特大规模集成电路和巨大规模集成电路。在杰克·基尔的集成电路面世初期，没有人能想象到这一片小小的芯片能对社会形成多大的冲击。想象一下，若是没有集成电路的发明，今日我们身边许多的电子产品根本没有可能面世。最初要用整个房间放置的计算机，如是没有集成电路，怎么可能发展成摆在我们桌面上的个人电脑；若是没有集成电路，人类今天怎么可能冲出地球

去探索太空和登陆月球。如今，集成电路的应用已经渗透到社会的各个方面，人类社会的飞速发展已经完全离不开它了。

如今，集成电路的家族已经非常庞大，为了不同的用途，衍生了各种各样的专业芯片。随着人类应用的需求，还会逐年增多，而且芯片的身材越来越小，功能却越来越强。世上第一块集成电路由 5 个元器件组成，如今比指甲盖还小的硅晶片，包含了 10 亿个以上的元器件。

广角镜——摩尔定律

1965 年，大名鼎鼎的芯片制造厂商 Intel 公司的创始人之一戈顿·摩尔，根据当时半导体制造工业的高速发展并经过长期观察得出这样的结论：集成电路芯片上所集成的晶体管的数目，每隔 18 个月就翻一番。这就是集成电路历史上的"摩尔定律"。

"摩尔定律"并非数学、物理定律，只是对集成电路发展趋势的一种分析预测，有趣的是，这么多年以来，经过有关人士的统计，摩尔的这个预言还真是相当准确。这从侧面也反映出了集成电路发展之迅速令人目眩。

但是，我们能够推理出，总有一天，芯片单位面积上可集成的元件数量会达到极限，那时"摩尔定律"该寿终正寝了，可集成电路的发展该何去何从？相信人类会找到更好的出路。

拓展思考

1. 你拆过坏掉的电子产品吗？能认出电路板上花花绿绿的是什么吗？
2. 有条件的话去家附近的电子市场看看，看能认识多少集成电路。
3. 摩尔定律是什么？它对你有什么启示吗？

电子技术发展的见证者——电子计算机

相信大家对计算机再熟悉不过了，我们俗称它们为电脑。当你坐在电脑前与不知所在的网友聊天、游戏时，是否思考过这么神奇的机器，人类是怎么制造出来的？它的历史命运是怎样的？让我们带着好奇心，重温人类那段艰辛的历史吧。

◆电子计算机之前的机械计算机

第一代——电子管计算机

◆第一台计算机

1946年，第一台真正的电子计算机——ENIAC诞生在美国宾夕法尼亚州大学莫尔学院。它那庞大的身躯，我们很难想象，机内使用了18000个电子管、70000个电阻器，有500万个焊接点，整个机器占地面积为170多平方米，相当于教室的4倍，整个机器重30多吨。这台真正的数字电子计算机的诞生，得益于电子管的发明，但是也因此有了这么大的块头。在这个大块头表

面，满是电表、电线和指示灯。更令人哭笑不得的是，它的耗电量超过174千瓦小时，据说在使用时全镇的电灯都会变暗。况且由于电子管寿命太短，平均15分钟就有一个电子管烧坏，科学家们不得不满头大汗地不停更换。就这样的性能，是科学家们付出巨大的艰辛，花费48万美元制作出来的，人类的第一步走得异常艰辛。

但正是这个笨拙、庞大、昂贵的机器，开辟了计算机发展之路，使人类社会生活发生了天翻地覆的变化。第一代电子计算机仅仅从1946年持续到了1957年，就是这短暂的开始，奠定了现代电子计算机技术基础，实践了数字电子计算机二进制思想，这是数字化的核心。第一台电子管计算机ENIAC是计算机发展史上的里程碑。

第二代——晶体管计算机

晶体管的发明大大促进了电子技术的发展，晶体管代替了体积庞大的电子管，使得电子设备的体积大幅度减小。人们也很自然的想到将晶体管应用在计算机中。是晶体管导致了第二代计算机的产生。1954年，美国贝尔电话实验室研制成功第一台晶体管计算机TRADIC，它相比电子管计算机有了很大的进步，它体积小、速度快、功耗低、性能更稳定。1960年，出现了一些成功地用在商业领域、大学和政府部门的第二代计算机。第二代计算机同期还诞生了计算机的重要部件：打印机、磁带、磁盘、内存等。

◆晶体管计算机

电子管计算机到晶体管计算机，不单单是器件上的更新，第二代更从第一代电子计算机吸取精华，就像一个蹒跚学步的孩子，在父辈的指引下，越走越稳！

名人介绍——伟大的冯·诺依曼

◆美籍匈牙利数学家——冯·诺依曼

1903 年 12 月 28 日，神童冯·诺依曼降生在匈牙利布达佩斯的一个普通家庭里。他从小聪明过人，兴趣广泛。6 岁就能用古希腊语同父亲交谈，一生掌握了七种语言。1926 年以优异的成绩获得布达佩斯大学数学博士学位。1930 年西渡美国接受了普林斯顿大学客座教授的职位。次年成为普林斯顿大学第一批终身教授。后来成为美国国家科学院、秘鲁国立自然科学院和意大利国立林且学院等院的院士。

他一生最大的成就是在计算机理论上，是他开创了现代计算机理论，著名的冯·诺依曼计算机体系结构沿用至今。他参与了第一台电子计算机的研制工作，并提出二进制的设计思想，大大简化了电路设计及其的逻辑线路，这是现代数字化的基本原理。现在我们使用的计算机的基本原理是存储程序和程序控制，也是由这位天才提出来的。所以他被称为“计算机之父”。

一人如果有上述成就足以成为 20 世纪最伟大的科学家之一了，而冯·诺依曼除了在计算机理论方面的成就外，还在经济学方面有突破性成就，被誉为“博弈论之父”。在物理领域，撰写的《量子力学的数学基础》对原子物理学的发展有极其重要的价值。在化学方面也有相当的造诣，对原子弹的研制也有所贡献，他本身又是伟大的数学家，他无愧是 20 世纪最伟大的全才之一。

拓展思考

你知道计算机的体系结构都有什么吗？自己动手查找资料了解冯·诺依曼的计算机体系结构。

第三、四代——集成电路计算机

◆现代计算机

随着半导体集成电路的发明，首先得益的还是计算机的发展。这一时期计算机以中、小规模集成电路为电子器件，并且出现操作系统，使计算机的功能越来越强，应用范围越来越广。计算机开始走出大型的实验室，应用于各种领域。它们不仅用于科学计算，还用于文字处理、企业管理、自动控制等方面，并且出现了计算机技术与通信技术相结合的网络与信息管理系统。随着集成电路技术的发展，集成了上千甚至上万个电子元件的大规模集成电路和超大规模集成电路出现，使得电子计算机发展进入了第四代。1971 年第一个处理器芯片研制成功，使得小型机也蓬勃发展起来，计算机的应用领域日益扩大。大规模集成电路是指在单片硅片上集成 2000 个以上晶体管的集成电路，其集成度比中、小规模的集成电路提高了 2 个以上数量级。这时计算机发展到了微型化、耗电极少、可靠性很高的阶段。至此，神秘的计算机才开始走进向千家万户，为人们所熟知。随着大规模集成电路的迅猛发展，军事工业、空间技术、原子能技术也得到快速发展，而这些领域的蓬勃发展使得对计算机的要求更高，又有力地促进了计算机工业的空前大发展。

总的来说，计算机就像电子技术历史的见证者一般，伴随着电子技术的发展在一步一步向前，而计算机技术的发展又使众多的科学领域受益，使人类上能遨游太空，下能潜入深海，这种相辅相成的发展带给了我们现在美妙的数字化世界。

动手做一做

利用计算机网络，获取计算机发展及应用的知识吧：

1. 去搜索网站，如百度、Google。
2. 搜索："计算机发展应用"，点开你感兴趣的链接并全面详细地了解。
3. 感受计算机发展的速度和人类进步的艰辛，想象一下计算机的未来。

拓展思考

1. 想象一下刚开始时电子计算机会是什么样子？
2. 你理解二进制和数字化的关系吗？
3. 计算机的发展分为几代？各自都有什么特点？

计算机的伟大贡献——电子设计 EDA 技术

我们知道了集成电路的发展趋势是越来越小，但芯片厂商不可能针对某个产品整个做成一个集成电路，芯片还要和简单的外围元器件还有其他用途的芯片组合，才能完成一个产品的特有功能，这就是电路板。我们看到电路板上密密麻麻的走线和器件，它们是怎么设计出来的？又是怎么被制作成这样漂亮的电路板的？带着这些疑问，我们一同来认识这些电路板的来历和现代电子设计——EDA 技术。

◆密密麻麻的电路板

计算机的馈赠

认识了集成电路后，我们知道，第一块集成电路只有五个元器件组成，人工去设计还不成问题，但是你还记得摩尔定律不？集成电路上集成的器件数量是飞速地增长，成千上万的器件集成到一块小小的芯片上，再用人工一个一个地画，一条一条地布线，生产加工还要比对着你的设计将元器件一个一个地在芯片上实现，这个工程随着集成度的提高越发庞大了。聪

◆手工能实现这么复杂的产品吗？

明的人类肯定不会眼看着集成电路发展走向死胡同而坐以待毙的。而这时候，电子技术的伟大应用——计算机开始发展起来。随着计算机应用范围的扩展，自然人们想到将它应用到集成电路的设计上。

就是这样，计算机的出现给集成电路的发展注入了巨大的能量，反过来，集成电路更高的集成度让计算机迅速地瘦身，推动了计算机应用的普及。这是人类的伟大成果，投桃报李，一荣俱荣，促成了电子技术以空前的速度向前发展。

什么是 EDA

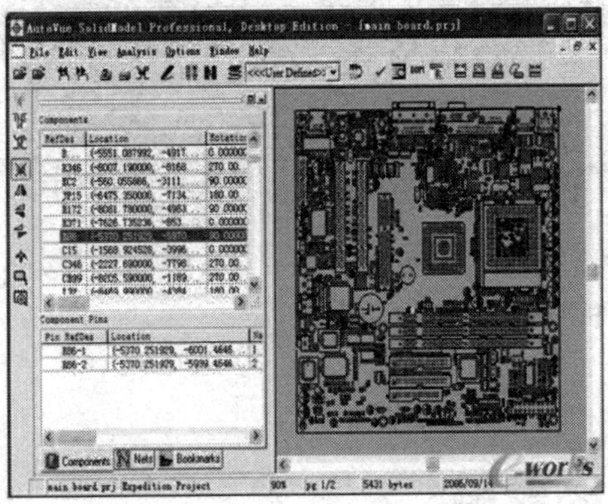

◆一款 EDA 软件

我们想用电脑设计集成电路，必不可少地要有相应设计软件的支持，这些专用的软件就是 EDA 工具，如果没有这些工具的支持，我们根本无法完成大规模的集成电路设计。

什么是 EDA 呢？EDA 是电子设计自动化（Electronic Design Automation）的缩写，是指以计算机为工作平台，融合了应用电子技术、计算机技术、信息处理及智能化技术的最新成果，进行电子产品的自动化设计。

利用 EDA 工具，电子设计师可以从概念、算法、协议等开始设计电子系统，大量工作可以通过计算机完成，并可以将电子产品从电路设计、性能分析到设计出芯片版图或 PCB 版图的整个过程，在计算机上自动处理完成。

不过发展到现在，EDA 的概念已经被扩展，已经不单单只针对电路的设计了，在机械、电子、通信、航空航天、化工、矿产、生物、医学、军事等各个领域，都有 EDA 的应用。目前 EDA 技术已在各大公司、企事业单位和科研教学部门被广泛应用。例如在飞机制造过程中，从设计、性能测试及特性分析直到飞行模拟，都可能涉及 EDA 技术。本书中所指的

EDA技术，主要针对电子电路设计、PCB设计和芯片设计。

科技文件夹

什么是PCB

PCB (Printed Circuit Board)，就是印制电路板，是用来焊接电子元器件的一块底板，实现了电子元器件的电气连接。由于它是采用电子印刷技术制作的，故称为印制电路板。上一页图中的底板就称为PCB。

EDA的发展

EDA技术是伴随着计算机、集成电路、电子系统的设计发展起来的，期间电子系统的设计方法和设计手段都发生了很大的变化。应该说电子EDA技术是电子设计领域的一场革命。EDA的起步应该从20世纪70年代开始，那时EDA的前身CAD（计算机辅助设计）只是利用计算机辅助进行电路原理图编辑，PCB电路板布线，使得设计师从高度重复繁杂的传统绘图劳动中解脱出来。但那还只是编辑，没有分析、仿真的过程，使设计不能在产品制作之前预知产品的功能与性能。

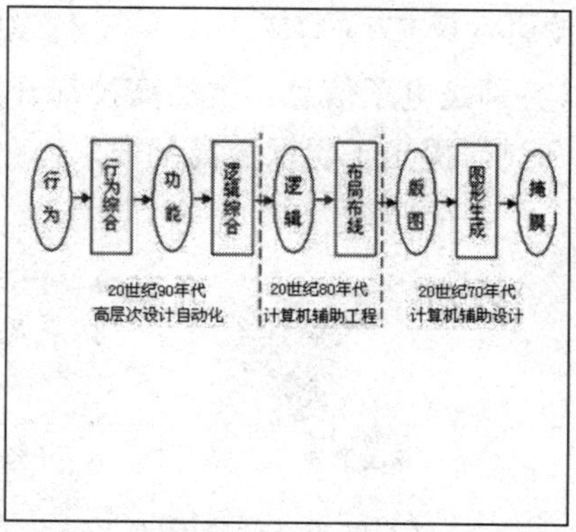

◆集成电路自动化设计进程

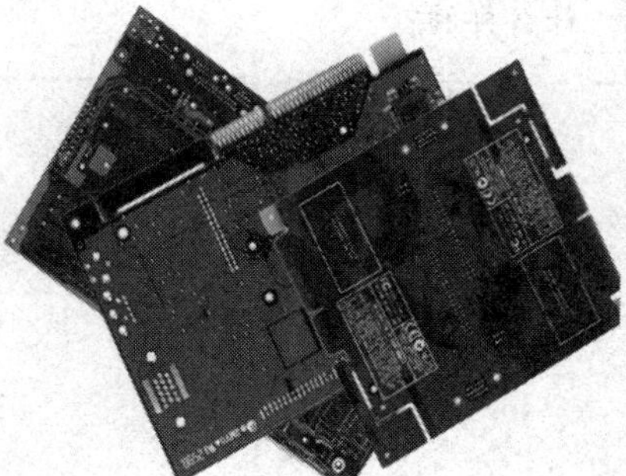

◆EDA技术设计的未焊接的PCB板

EDA代表了当今电子设计技术的最新发展方向，随着传统的“固定功能集成块加连线”的设计方法逐步地退出历史舞台，基于芯片的设计方法正成为现代电子系统设计的主流。进

◆EDA 技术方面教材

入 21 世纪后，电子技术全方位纳入 EDA 领域，EDA 使得电子领域各学科的界限更加模糊，更加互为包容。电子 EDA 技术也得到了更大的发展。

发展 EDA 技术将是电子设计领域和电子产业界的一场重大的技术革命，掌握和普及这一全新的技术，将对我国电子技术的发展具有深远的意义。现在我国的 EDA 技术跟国外比还有很大差距，绝大多数的 EDA 软件系统都是国外开发的。我国高等院校有关专业的学生和广大的电子工程师了解和掌握这一先进技术已是迫在眉睫。现在大学在教学方面，几乎所有理工科（特别是电子信息）类的高校都开设了 EDA 课程，这对电子类课程的教学和科研提出了更深更高的要求。

拓展思考

1. EDA 的全称是什么？

2. 没有认识 EDA 之前你想象中的电路设计是怎么样的？认识之后又是什么样的？

畅想未来——纳米电子

你知道纳米是什么吗？可别告诉我是一种可以吃的米。前面我们了解到了电子技术曲折的发展历史，而纳米又跟我们的电子技术有什么瓜葛呢？你能想象得到我们的一根头发丝再径向平均剖成5万根有多细吗？你能想象得到比麻雀稍大的卫星在太空中翱翔吗？这一节，让我们一起去探索电子技术的未来和纳米技术之间的那些事儿。

◆纳米卫星模型

纳米是什么米

其实“纳米”是英文nanometer的译名，它只是一种长度单位，符号为nm，原称毫微米，即10亿分之一米。我们常常用细如发丝来形容物体的细小，但是跟纳米比起来就小巫见大巫了。人的头发直径一般为20～30微米，假如一根头发的直径为50微米，把它径向平均剖成5万根，每根的直径即约为1纳米。

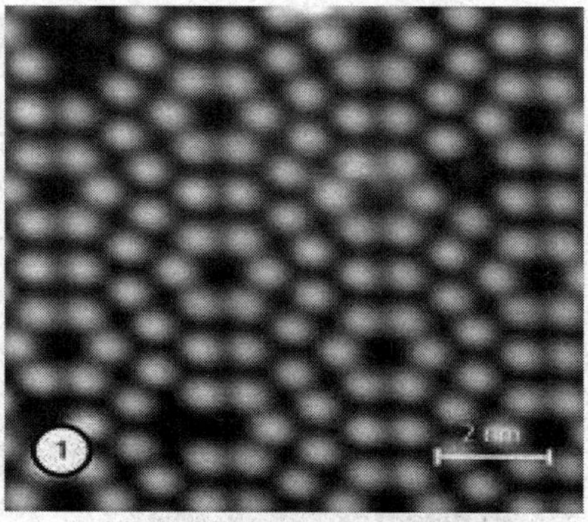

◆硅单晶原子纳米扫描隧道显微镜影像

那么这么微小的长度怎么能够看到？就连一般我们实验室的显微镜都无法分辨。以前，这么微小的世界我们人类是无法研究的，直到1981年扫描隧道显微镜的发明，才让人类看清这微小的世界，之后诞生了一门特殊的技术——纳米技术。纳米技术是研究结构尺寸在0.1到100纳米范围内材料的性质和应用。这门技术出现以后，迅速渗透到现代科技的众多领域，引发一系列的科学技术。电子界也引起了新一轮的电子技术革命。

虽然扫描隧道显微镜发明以前，人类无法亲眼看到纳米级的微观世界，但是纳米科技的思想在20世纪50年代就有人提出来了。可以说，现代纳米技术是基于当时的纳米灵感，加上现代发达的科学技术发展而来的。

万花筒

伟大的预言家

诺贝尔奖获得者理查德·菲利普·费曼在1959年一次演讲中说道："至少依我看来，物理学的规律不排除一个原子一个原子地制造物品的可能性。"他预言："当我们对细微尺寸的物体加以控制的话，将极大地扩充我们获得物性的范围。"如今，这些都变成了现实。

名人介绍——美国天才物理学家——理查德·菲利普·费曼

理查德·菲利普·费曼1918年出生于美国纽约市，1939年毕业于麻省理工学院，进入普林斯顿大学念研究生。1942年6月获得理论物理学博士学位。

◆美国天才物理学家——理查德·菲利普·费曼

费曼是独辟蹊径的思考者和"天才"。他1946年参与曼哈顿计划时，用破解保险柜密码锁作为无聊时的消遣。他很轻松地将密码锁打开，偷出机密文件后，在柜子里留个字条："这个柜子不难开呀——聪明鬼留。"把保险柜保管员吓得面无人色。

费曼同时拥有一种奇特的性格。第一次遇到费曼的人马上会为他的才华所倾倒，同时又会对他的幽默感到吃惊。第二次世界大战后不久，物理学家弗里曼·戴森在康奈尔大学见到了理查德·费

曼，他说他的印象是：“一半是天才，一半是滑稽演员。”后来，当戴森对费曼非常了解之后，他把原来的评价修改为：“完全是天才，完全是滑稽演员。”物理学家拉比曾说，“物理学家是人类中的小飞侠，他们从不长大，永保赤子之心”。理查德·费曼永不停止的创造力、好奇心是天才中的小飞侠。

> 纳米材料是指基本单元的颗粒尺寸至少在一维上小于100nm，且必须与常规材料有截然不同的光、电、热、化学或力学性能的一类材料。

1959 年 12 月，理查德·费曼在物理学会年会上发表著名的演讲——《在底部还有很大空间》，提出一些纳米技术的概念，虽然在当时仍未有“纳米技术”这个名词。并预言“当我们对细微尺寸的物体加以控制的话，将极大地扩充我们获得物性的范围。”这就是我们现代纳米技术概念的灵感来源。1965 年，由于在量子电动力学方面的基本工作，费曼与美国物理学家施温格和日本物理学家朝永振一郎共同获得了该年度的诺贝尔物理学奖。

知识窗

其实纳米的应用我国古代就有了，据研究中国古代字画之所以历经千年而不褪色，是因为所用的墨是由纳米级的碳黑组成。我国古代铜镜表面的防锈层也被证明是由纳米氧化锡颗粒构成的薄膜。

神奇的纳米材料

◆碳纳米管演示图

纳米材料在近年的研究中，领域迅速拓宽。纳米材料的奇异性是由于其构成基本单元的尺寸及其特殊的界面、表面结构所决定的。纳米科学技术使人类认识和改造物质世界的手段和能力延伸到原子和分子。其最终目标是直接以原子、分子在纳米尺度上表现出来的新颖的物理、化学和生物学特性，制造出具有特定功能的产品。这可能改变几乎所有产品的设计和制造方式，实现生产方式的飞跃。因而纳米科技将对人类产生深远的影响，甚至改变人们的思维方式和生活方式。纳米技术涉及的范围很广，其中纳米材料是纳米技术发展的基础。

原理介绍

纳米为什么这么神奇？

纳米材料是用尺寸只有几个纳米的极微小的颗粒组成的，由于它尺寸特别小，它就产生了两种效应，即小尺寸引起的表面效应和量子效应，这时它的表面积比较大，处于表面上的原子数目的百分比显著增加，当材料颗粒直径只有1纳米时，原子将全部暴露在表面，因此原子极易迁移，使其物理性能发生极大变化。

纳米材料制造的电子器件

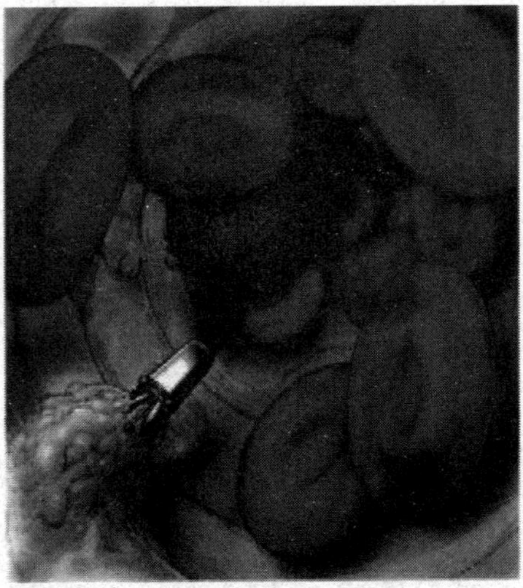

◆可以治病的纳米机器人

以纳米材料制造的电子器件，其性能大大优于传统的硅电子器件。首先工作速度快，纳米电子器件的工作速度是硅器件的1000倍，可使产品性能大幅度提高。其次功耗低，纳米电子器件的功耗仅为硅器件的1/1000。还有信息存储量大，在一张纳米材料制作的不足巴掌大的5英寸光盘上，至少可以存储数十个北京图书馆的全部藏书。在体积和重量上也有很大优势，使各类电子产品体积和重量大为减小。人类梦想制造这样的机器人，它可以畅游在人的身体里，毁灭癌细胞和修补被损坏的人体组织。纳米电子器件让我

们看到了希望。

纳米电子学

示意图说明：中间圆形的为硅纳米线，上面覆盖的是脂质双层薄膜，薄膜内零星分布着孔隙通道。

◆科学家们研制出来的纳米设备模型

纳米电子学主要在纳米尺度空间内研究电子、原子和分子运动规律和特性，研究纳米尺度空间内的纳米膜、纳米线。

集成电路发展起来以后，逐渐形成一门现代的电子学科——微电子学。然而随着集成电路集成度急速的提高，集成电路即将达到物理上和工艺上的极限，不可能无止境地缩小，出现了难以逾越的瓶颈，微电子学遇到严峻的挑战。纳米电子学的发展使得这一瓶颈得以突破，从微电子技术到纳米电子技术将是电子器件发展的第二次变革。与从真空管到晶体管的第一次变革相比，它含有更深刻的理论意义和丰富的科技内容。在这次变革中，传统理论将不再适用，需要发展新的理论，并探索出相应的材料和技术。

科学家们因而对纳米电子技术寄予厚望，纳米技术被公认为21世纪初的一项关键技术。现在纳米电子技术的发展方兴未艾，它以其独特的优势和奇异的特征将给科技界带来新的革命。

想 一 想 议 一 议

留意生活中的纳米

奇异的纳米已经走入我们日常生活中，多去留意，能找到在我们身边纳米技术带给我们的产品吗？它与普通材料的产品有哪些方面的优势？

展望——不简单的“米”

“纳米”不是普通的“米”，人们在长期的科学探索过程中发现一类新型的微观物质，为表示微观尺寸的数量级，我们引入长度单位纳米。如今用纳米级的材料所做成的各类物品已经走进普通百姓的家庭，我们相信，在不久的将来，纳米尤其是纳米电子还会继续给人们带来更多更大的惊喜，带来更多更好的生产生活条件，为我们创造出一个难以想象的舒适的生活空间。

拓展思考

1. 你对纳米了解多少？通过本节给你带来什么新的认识？
2. 集成电路主要材料是什么？纳米电子呢？
3. 伟大的物理学家理查德·菲利普·费曼对纳米技术的贡献是什么？

初识庐山真面目

——电子零部件

我们看到生活中的电子产品千差万别、形态各异，我们知道它们有一个共同点，那就是都需要电！那除了这个共同点之外它们还有什么相同之处呢？我们能满足于只看到它们花花绿绿的外表吗？我们知道这些漂亮的外壳里面究竟藏了些什么吗？拿出你拆过的电子玩具或者电子表，收音机也行，知道那块板上密密麻麻的都是些什么吗？

如果你的回答是否定的，那么就让我们一起来抛开那些形式各异的外壳，到电子产品内部窥视一番吧……

有电子的地方就有我
——电阻、电容、电感

上一篇我们了解了电子管和晶体管这些元器件的发展及历史更替，那么一个电路中只有这样的元器件够吗？学过电、电路的同学会说，不行，电路中还要有电阻、电容、电感这些器件。

◆电路板上的元器件

根据你学过的知识你能在电子产品中认出它们来吗？你知道电路板上标记的各种符号分别代表什么吗？

我们要把学到的知识用到实际的生活中去，让我们一起来认识生活当中电阻、电容、电感都长什么样子，它们的大小又是怎么表示的吧。

跟电流过不去——电阻

我们知道，电子的定向移动形成电流。如果电路中需要限制电流的大小，就要请电阻出场了。我们平时所说的电阻，学名电阻器，是对电流起阻碍作用的器件，在电路中，它的主要作用是稳定和调节电路中的电流和电压。

◆电路中电阻的符号

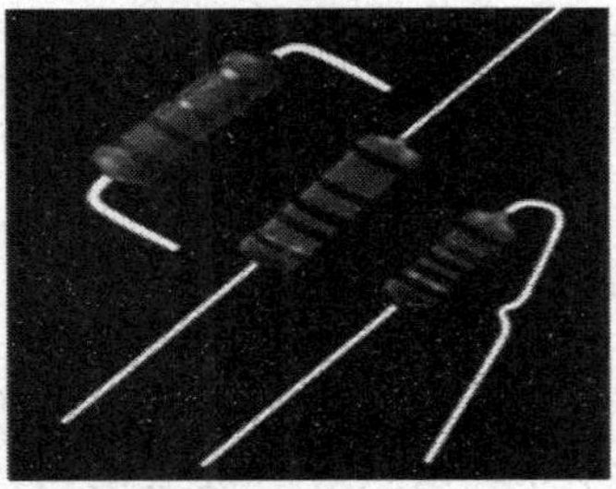

◆金属膜电阻

电阻在电路中的符号是 R，既然电路中电阻的职能是阻碍电流流过，那么对阻碍能力就要有量来表示，这就是电阻的单位欧姆，符号 Ω。电阻值大的表示对电流的阻碍能力强。

我们生产出来的电阻外形千奇百怪，怎

样能通过电阻的外形就能看出电阻的大小呢？我们就统一对电阻进行一些标示，来表示电阻值的大小。常用的有色环法、示值法、直接标示法，后面两种是直接或间接将电阻的大小标在电阻上，色环法则是通过统一的标准，根据电阻身上的色环来标示出阻值大小。色环有四色和五色之分，四色前面两色表示有效数，第三色表示倍率，五色前面三色表示有效数，第四色标示倍率。最后一色标示误差。

颜色	第一有效数	第二有效数	倍率	误差
黑	0	0	10^0	
棕	1	1	10^1	
红	2	2	10^2	
橙	3	3	10^3	
黄	4	4	10^4	
绿	5	5	10^5	
蓝	6	6	10^6	
紫	7	7	10^7	
灰	8	8	10^8	
白	9	9	10^9	
金			10^{-1}	±5%
银			10^{-2}	±10%
无色				±20%

◆电阻值的四环色表示法

实验——读色环电阻值

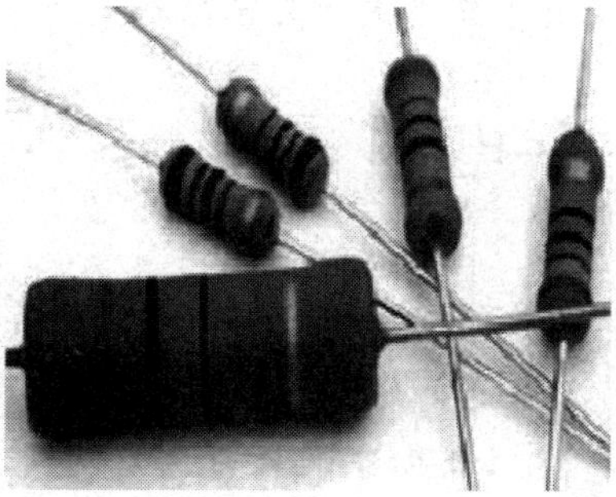

◆金属氧化膜电阻

面对一个色环电阻，找出金色或银色的一端，并将它朝下，从头开始读色环。例如如果第一环是棕色的，第二环是黑色的，第三环是红色的，第四环是金色的，那么它的电阻值基数是 10，第三环是添零的个数，这个电阻添 2 个零，所以它的实际阻值是 1000Ω。五环色同理可得。好了，就本节出现的色环电阻试着去读出它们的阻值吧。

电阻家族

由于材料的不同、适应不同电路板的安装需要、用途不同，实际制造出来的电阻可谓琳琅满目、花样繁多。总的来说通常分为三类，固定电阻，可变电阻，特种电阻。在电子产品中，固定电阻用得最多，像上面两

◆贴片电阻

◆热敏电阻

图电阻都是固定电阻。可变电阻又称电位器，电阻值的大小可以调节。特种电阻是根据特定材料的特性制造出来的一类特殊的电阻，如光敏电阻，光强越强，阻值越小，生活中的光控灯就是它的功劳；热敏电阻，阻值随其表面温度变化而变化，我们电脑上超温报警是它的贡献。

“存储电荷的容器”——电容

电子产品中还需要用到各种各样的电容器，通常简称电容，用符号 C 表示。顾名思义，电容可以存储电荷，有储能的作用。它的结构简单，两块互相靠近但彼此绝缘的金属片就可以构成一个电容。它的单位是“法拉”，符号 F，大小表示电容储能的强弱。

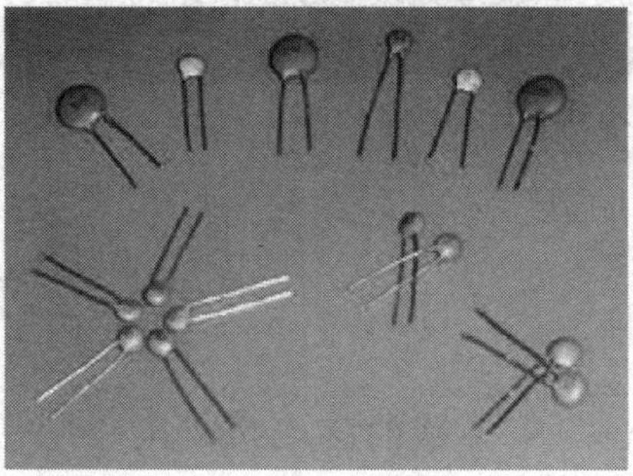

◆瓷介电容

电容的种类也是多种多样的，按结构分有固定电容、可变电容；按介质材料分有纸介电容、瓷介电容、玻璃釉电容、独石电容、涤纶电容、云母电容、铝电解电容、钽电解电容、聚苯乙烯电容、聚碳酸酯薄膜电容等；按极性分有有极性电容和无极性电容；按安装结构分有直插电容和贴片电容。

点 击

在电子电路中电容的主要作用是隔离直流电，而能让交流电通过。去查询资料了解其中的原理。

小贴士——断电也会亮

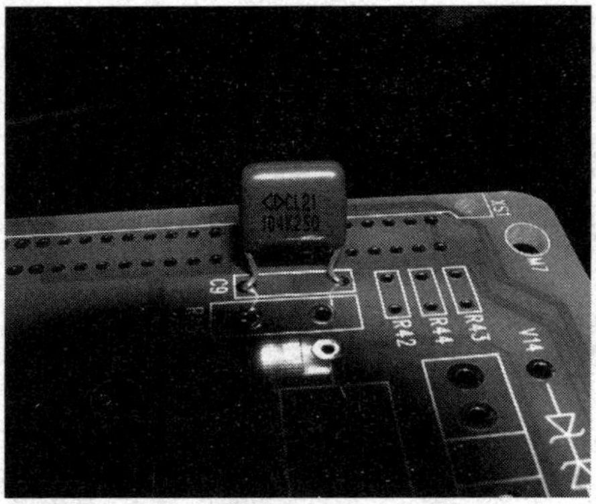

◆薄膜电容在电路板上

生活中不知道你留意没有这样的现象，电子产品电源或者其他地方的指示灯，在我们拔下插头后还会亮一会，然后才逐渐熄灭。为什么呢？这就是电容发挥作用的结果。电容有储能的能力，拔掉插头后，是它存储的电荷维持了指示灯又亮了一会儿。

电磁转化的能手——电感

电感器简称电感，电路中用 *L* 表示。它在电路中也有独特的作用。它是根据电磁感应原理工作的，有将电能和磁能相互转化的本领。它在电路中也能存储能量，用得最多的特性是它具有阻碍交流电，导通直流电的作用。

◆绕线电感在电路板上

电感器是一个什么样的装置呢？

它就是由导线一圈一圈地绕在绝缘管上，导线彼此互相绝缘，而绝缘管可以是空心的，也可以包含铁心或磁粉芯。同样，它也是有大小的，电感的单位是亨利，用 H 表示。

电感的种类包括收音机的磁性线圈、中频变压器、普通电源变压器、色码电感等。其中色码电感是一种小型固定电感器，和电阻一样，也是用色标表示电感量。

小博士

闭合电路的一部分在磁场中作切割磁力线运动，导体中就会产生电流，这就是法拉第的伟大发现——电磁感应现象，你能根据电磁感应原理解释电感“阻交流，通直流”的特性吗？试着去做一做。

拓展思考

1. 现在，你能认出电路板上的元器件吗？
2. 你理解色环标记法吗？能根据色环标记法看出电阻大小吗？
3. 电容的特性是什么？
4. 电感的特性是什么？

中间派也玩神奇——半导体器件

◆半导体收音机

前面我们一起探讨晶体管的历史的时候，就知道半导体是导电性介于导体和绝缘体之间的一种物质。那除了这些你对半导体还有哪些认识呢？半导体是20世纪30年代才被人类广泛关注，也正是半导体材料的发展，才有了后来晶体管的发明，这之后才有了电子技术的飞跃发展。可以说半导体是现代电子技术的基石，是晶体管发明的先决条件。发展到现在，半导体器件已经是电子技术非常重要的一部分，让我们走进半导体的领地，全面探索神奇的半导体器件吧。

眼里容不得沙子——半导体

半导体的导电性能比导体差而比绝缘体强。半导体材料很多，有由单纯一种元素组成的半导体，还有由化合物组成的半导体。半导体元素中锗和硅是最常用的，第一只晶体管就是由锗元素晶体中掺杂后制造的。所谓的半导体材料都是晶体材料，所以半导体我们又叫晶体。这也是晶体管名字的由来，晶体管的主要材料是半导体。

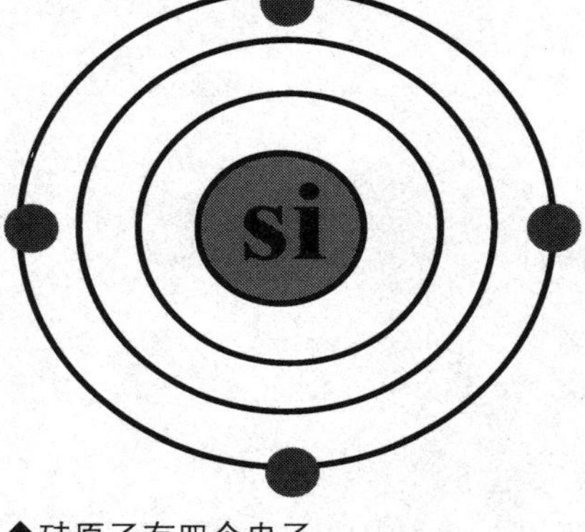

◆硅原子有四个电子

我们把化学成分纯净的半导体晶体叫做本征半导体，本征半导体的导电性在很低的温度下很弱，跟绝缘体差不多，但是当温度升高或者有光照的时候，它的导电性能会随之升高。在本征半导体中掺入某些微量杂质元素后的半导体称为杂质半导体。杂质半导体中有两类是构成晶体管的核心，一类是在本征半导体中掺入五价杂质元素，如磷，砷等，称为N型半导体；另一类是在本征半导体中掺入三价杂质元素，如硼、镓等，称为P型半导体。这两类半导体是晶体管的基础。

纯净的半导体有多纯？一般制造半导体器件的半导体材料的纯度要达到99.9999999%，常称为“九个9”。

小知识——半导体之神奇

半导体除了导电性介于导体和绝缘体之间外，还有很多神奇的特性。如在纯净的半导体中适当地掺入一定种类的极微量的杂质，半导体的导电性能就会成百万倍地增加——这是半导体最显著、最突出的特性。例如，晶体管就是利用这种特性制成的。半导体的导电性能还会随着外部温度的变化而变化，前面提到的热敏电阻就是根据半导体的这种特性制造出来的。而光敏电阻则是利用半导体的导电性会随着光照强度的变化而变化所制造的。

神奇的两条腿——二极管

几乎所有的电路中，都会用到半导体二极管。二极管是由PN结所构成的。晶体二极管在电路中常用“D”加数字表示，如：D5表示编号为5的二极管。二极管种类丰富，按照所用的半导体材料，可分为锗二极管和硅二极管。根据其不同用途，又可分为检

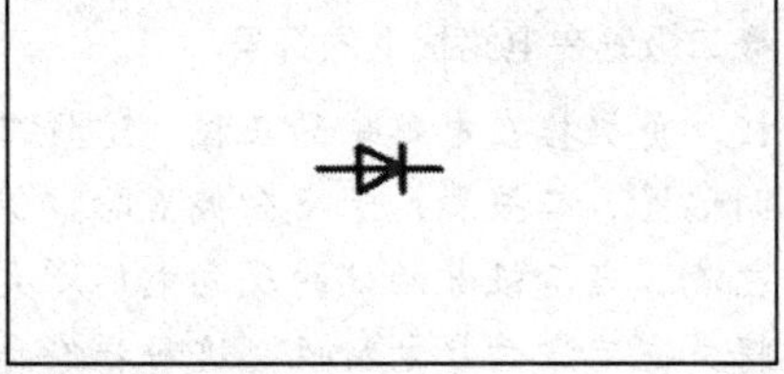

◆普通二极管符号

波二极管、整流二极管、稳压二极管、开关二极管等。

二极管是有正负极之分的。如图中二极管的符号，三角箭头指向的是负极，就是PN结中的N型半导体一端，另一端P型半导体就是正极。二极管最大的特性就是单方向导电性。在电路中，电流只能从二极管的正极流入，负极输出。

链 接

什么是PN结

将P型半导体与N型半导体制作在同一块硅片上，在它们的交界面就形成PN结。

知识库——二极管的正向与反向

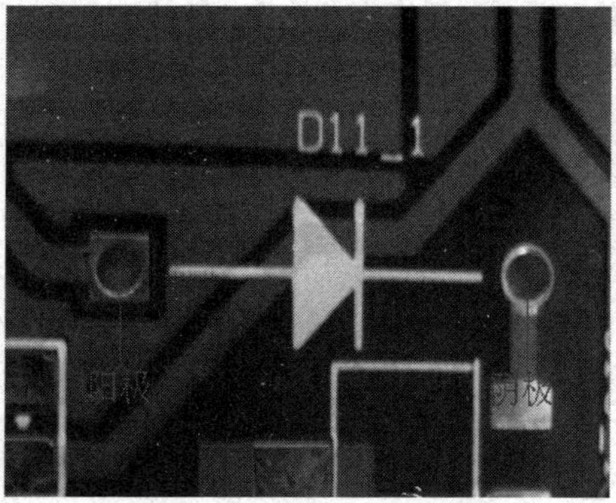

◆二极管在电路板上的符号

二极管在电路中正向与反向特性完全不一样，将二极管的正极接电路中的正极，负极接电路中的负极，二极管就会导通，这样连接又称为正向偏置。不过，当加在二极管两端的正向电压很小时，二极管仍然不能导通，流过二极管的正向电流十分微弱。只有当正向电压达到某一数值（锗管约为0.2V，硅管约为0.6V）以后，二极管才能直正导通。

二极管的正极接在电路中的负极，负极接在电路中的正极，这样二极管中几乎没有电流流过，这样连接称为反向偏置。二极管处于反向偏置时，仍然会有微弱的反向电流流过二极管，称为漏电流。当二极管两端的反向电压增大到某一数值，反向电流会急剧增大，二极管将失去单方向导电特性，这种状态称为二极管的击穿，反向电压过高还会使二极管损坏报废。

三条腿的魔法师——三极管

半导体三极管也称为晶体三极管，因有三个电极而得名。这个三条腿的“魔法师”可以说是电子电路中最重要的器件。它最主要的功能是电流放大和开关作用。二极管是由一个 PN 结构成的，而三极管由两个 PN 结构成，共用的一个电极成为三极管的基极（用字母 B 表示）。其他的两个电极称为集电极（用字母 C 表示）和发射极（用字母 E 表示）。由于不同的组合方式，形成了一种是 NPN 型的三极管，另一种是 PNP 型的三极管。三极管其实质是以基极电流微小的变化量来控制集电极电流较大的变化量。

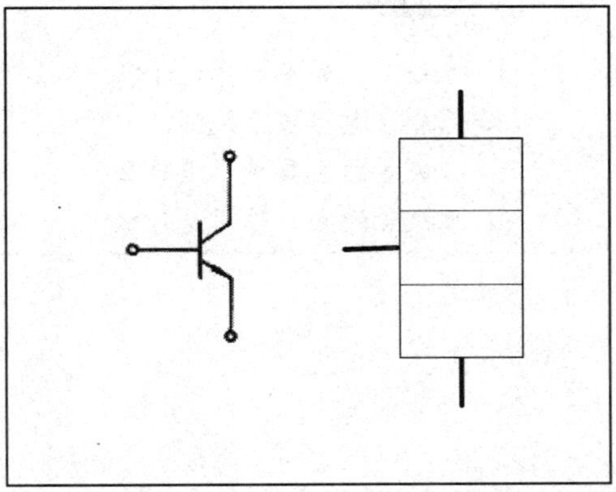

◆NPN 型三极管符号及其结构

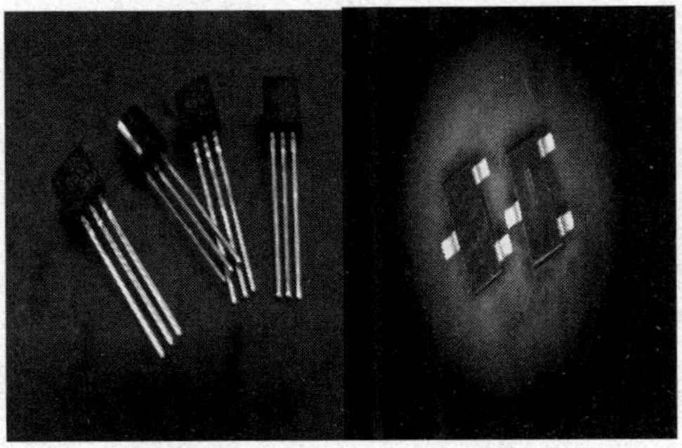

◆小功率管和贴片三极管

晶体管的种类也很多，按频率分，有高频管、低频管；按功率分，有小功率管、中功率管、大功率管；按半导体材料分，有硅管、锗管；按结构分，有 NPN 型三极管和 PNP 型三极管；按封装形式分，有直插三极管、贴片三极管等。

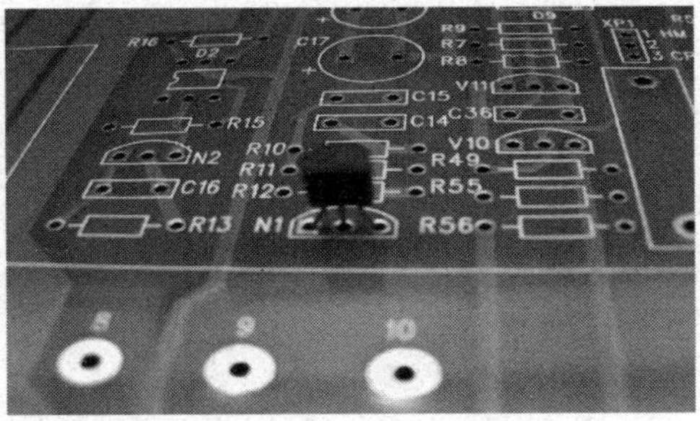

◆电路板上的直插晶体管

拓展思考

1. 你知道几种半导体元素？
2. 你能在电路板上找到二极管吗？
3. 二极管的主要特性是什么？
4. 三极管的主要作用是什么？

春江水暖鸭先知——传感器

◆电子温度计

当我们感觉不舒服时，会用体温计测量一下看是否发烧。我们知道体温计之所以能够显示出我们的体温，是因为体温计内部水银的热胀冷缩，根据水银柱的长度来指示温度。如果去医院测量体温有可能会看到如圆珠笔形状的测体温工具，只要在你身边停留几秒钟就能显示出你的体温；工厂或一些实验室里面会有更高精度的数字显示温度湿度计。这些仪器是怎样得到温度的呢？它里面是装有什么神奇的东西能一下子采集到温度信息？这里面就是温度传感器的功劳。

传感器的由来

◆光敏传感器

我们人类能够通过自身的肌体或器官感受到环境中的一些信息，在寒冷的冬天，犀利的北风刮起时我们的脸上能感觉到刀割般的痛；黑夜过去，迎来黎明的曙光，我们能够看到天空逐渐变亮。但是你能感受到温度到底是几度、光线强度到底是多少吗？我们为了研究自然现象，仅仅靠五官是远远不够的。幸运的是随着科技的进步，我们发明了传感器来代替或补充人的五官功能。

传感器是一种装置，它能感受到被测量的物理或化学信息，并能将检测感受到的信息，按一定规律变换成为电信号或其他所需形式的信息输出，以满足信息的传输、处理、存储、显示、记录和控制等要求。传感器的基本功能是检测信号和信号转换。

传感器主要是由敏感元件和变换元件组成，敏感元件负责感知被测量的信息，变换元件负责将信息按一定规律变换成所需形式的信息输出。

万 花 筒

古老的“传感器”

在电子技术发展之前，人类就会利用自身条件以外的力量来感受大自然的各种信息。一些生物在某一方面有独特的本领，如狗的嗅觉灵敏度是人的数万倍，动物在地震前的反应，这些，都被人类用来获取信息。

链接——敏感元件

电子技术领域，常把能敏锐地感受某种物理、化学、生物的信息并将其转变为电信息的特种电子元件称为敏感元件。这种元件通常是利用材料的某种敏感效应制成的，如热敏电阻、光敏电阻、金属应变计、磁敏晶体管等。

各种各样的传感器

对于各种各样的物理、化学、生物的信息，有不同的传感器来感知。按照要测量的信息可以将传感器分为下面几类：有测量位移、力、速度、加速度等机械量的传感器；有测量温度、湿度、流量、压力等量的传感器；有测量浓度、黏性、比重、酸碱度等物性参量的传感器。

利用传感器工作的原理我们可以将传感器分为如下几类：电阻式、电感式、电容式、压电式、光电式、光纤磁敏式、激光、超声波等等。我们现有传感器的测量原理都是基于物理的、化学的和生物等各种效应和定

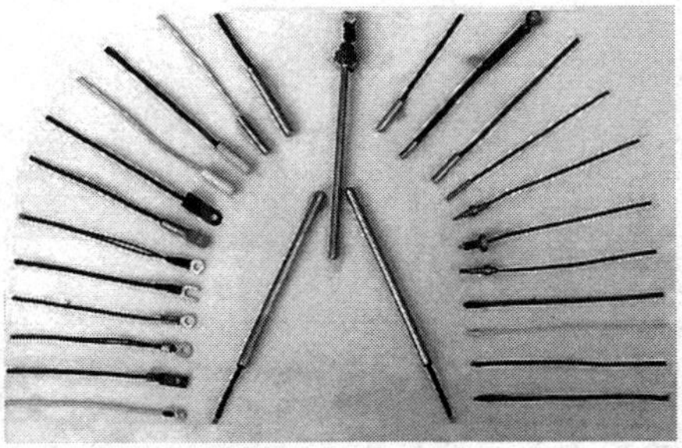

◆各种各样温度传感器

◆位移传感器

律，这种分类方法便于从原理上认识输入与输出之间的变换关系，有利于专业人员从原理、设计及应用上作归纳性的分析与研究，也有利于我们认识到传感器所利用的基本原理。

传感器的神奇之处

传感器为何有如此神奇的能力？这里面要感谢大自然中某些物质的过人特性。前面我们就提到过一些半导体的导电性有随温度或者光强度的变化而变化的特性，温度传感器里面主要敏感元件就是半导体热敏电阻；同样，光传感器里面半导体制作的光敏电阻就是敏感元件了。

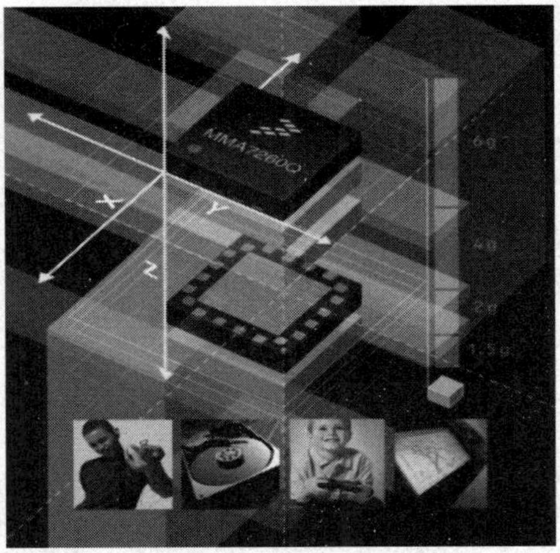

◆加速度传感器芯片

我们来看一种应用广泛的加速度传感器，它主要用来测量加速度。如现在有的手提电脑里就内置了加速度传感器，能够动态地监测出笔记本在使用中的振动。另外在常用的数码相机和摄像机里，也有加速度传感器，用来检测拍摄时候的手部的抖动，并根据这些抖动，自动调节相机的聚焦，这就是防抖的功能。

那么加速度传感器是怎么工作的？这是利用由于加速度造成里面晶体变形的特性，变形会产生电压，只要计算出产生电压和所施加的加速度之间的关系，就能测量加速度了。

拓展思考

1. 你能说出几个生活中带有传感器的电子产品吗？

2. 什么是敏感元件？它在传感器中的作用是什么？

3. 你能解释加速度传感器的原理吗？

4. 动手查找传感器相关资料，认识你感兴趣的传感器，并总结它的原理。

由点及面——集成电路与电路板

认识了电子产品内部重要的元器件后，我们要看这块复杂的电路板了。电路板是什么材料制成的呢？这么密密麻麻的走线又是怎样一步步完成的呢？还有电路板上一个个小黑方块，它们又是如何制造的呢？

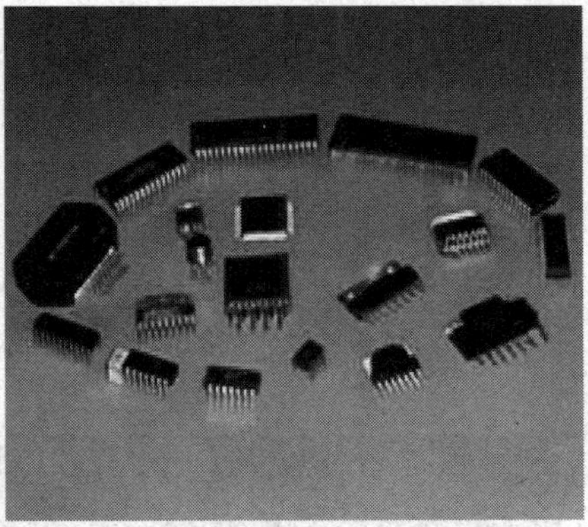
◆集成电路

一个个的元器件都各怀绝技，若杂乱地堆在一块，它们是一盘散沙，无所作为。当我们把它们整齐地安放在电路板上时，我们就能收听到动听的节目，看到来自全国的奇闻异事。让我们来认识一下这块有魔力的板子吧。

小范围集结——集成电路

晶体三极管、二极管以及电阻电容等等这些在电子电路中常用的元器件，在实际使用的时候总是需要以各种各样的方式组装成一定的电路才能工作。对于特定的电路，每次都从每个元器件开始设计，那也太费时费力了。那么，如何来解决这个问题呢？人们经过实践探索，发明出了集成电路。

◆集成电路在电路板上

将一个或多个成熟的单元电路，

做在一块硅材料的半导体芯片上封装起来，再从这块芯片上引出几个引脚，作为电路供电和外界信号的通道，这就叫做集成电路。我们使用时，不用去管里面是由多么复杂多么多的元器件组成，只要知道它能实现什么功能和各个引脚的定义就行了。

集成电路的管脚引出线排列方式是有一定规律可循的。一般总是从外壳顶部看，按逆时针方向编号的，并且编号，都有标志可查。

讲解——IC的魅力

◆集成电路制作间

集成电路我们简称IC，是直接在一块硅片上去制作元器件和连线，按照一定的方法布线，形成一个有完整功能的微型结构。这样做使用起来就非常方便。

随着制作工艺水平的提高，我们的集成电路中的元器件越来越多，功能越来越强，个头却越来越小。从占地上百平方米的老式计算机进化到可以摆在桌上的个人计算机，集成电路立下了汗马功劳。还有它内部没有焊接，可靠性高，性能优，更有利于大规模的批量生产，降低了成本，在现代电子技术上有着举足轻重的作用。

万 花 筒

制造集成电路的基础素材——硅，是地球上最纯的物质之一，纯度高达 99.9999999%，比 24K 金还高 10 万倍。这么高的纯度要求，集成电路的制作间——风淋间，对空气洁净度的控制完全超乎你的想象。我们室外空气的洁净度，一般为万级或几十万级。而集成电路生产车间的洁净度，为 10 级甚至 1 级（1 立方英尺空气中含有 100 颗灰尘＝洁净度 100 级），这可以称得上是真正的纯净世界。

电路的载体——电路板

通过第一篇的历史讲解，我们已经知道 PCB 是什么了，它是像图书的印刷一样，采用电子印刷术制造的，是焊成电路和其他电子元件的薄板。在印制电路板出现之前，电子元器件之间的互连都是依靠电线直接连接实现的。而现在，电路面板只是作为有效的实验工具而存在。印制电路板在电子工业中已经占据了绝对统治的地位。

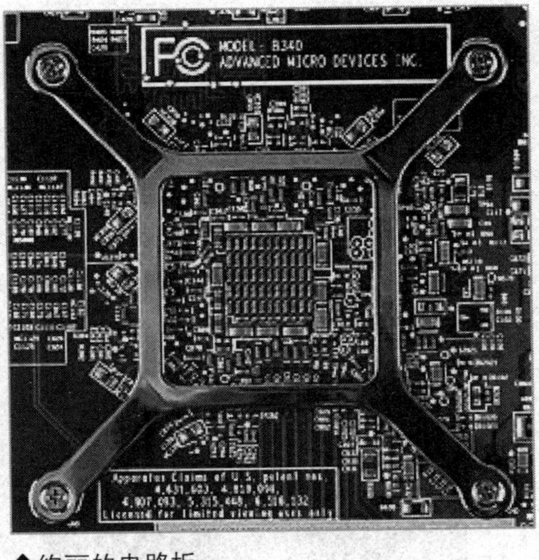

◆绚丽的电路板

PCB 的设计是以电路原理图为根据，实现电路设计者所需要的功能。PCB 的设计主要指版图设计，需要考虑外部连接的布局、内部集成电路和分立电子元件的优化布局、金属连线和通孔的优化布局、电磁兼容性、热耗散等各种因素，是一个复杂又充满艺术的过程。

覆铜箔层压板是制作 PCB 的基本材料。它用作支撑各种元器件，并能实现它们之间的电气连接或电绝缘。通常 PCB 的颜色都是绿色、棕色或蓝色的，这是阻焊漆的颜色。阻焊漆是绝缘的防护层，可以保护铜线，也可以防止零件被焊到不正确的地方。在阻焊层上还会印刷上一层丝网印刷面。通常在这上面会印上文字与符号（大多是白色的），以标示出各零件在板子上的位置。

知 识 窗

电磁兼容性

电磁干扰是干扰电缆信号并降低信号完好性的电子噪音，电磁兼容性是指设备在其电磁环境中符合要求地运行，并不对其环境中的任何设备产生无法忍受的电磁干扰的能力。这是在PCB设计时需要考虑的非常重要的一个环节。留意你身边的电子产品，能发现CE状的标志吗？那就是电磁兼容性的认证标志。

小贴士——一块电路板的诞生

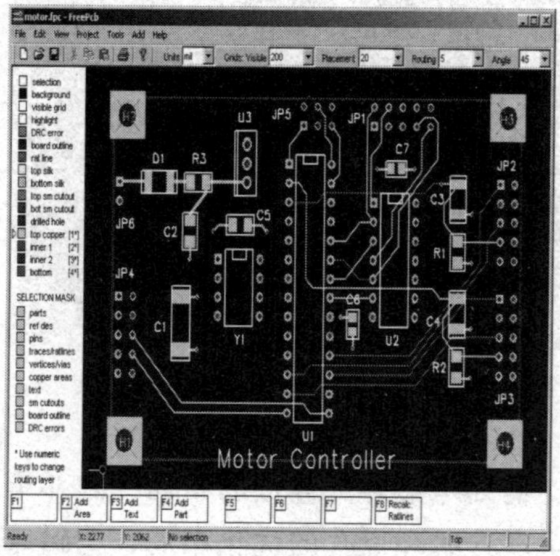

◆EDA软件中PCB原理图的设计

电路板的整个制作过程大致可以分为四个步骤：电路设计、EDA软件实现、工厂制版、元件焊接。

电路设计是指利用电子电路原理在图纸上将各种集成电路和分立元器件通过导线段连接，组织成一张能够实现预期功能的电路图。这是整块电路板的基础，主要技术也是体现在这个阶段。

EDA软件实现是指将设计的电路利用EDA工具在软件中画出来，最后通过软件生成一个制版工厂需要的PCB文件。该文件就可以发给工厂，开始生产电路板底板了。这个软件设计过程要考虑元器件摆放、连线与通孔的布局、整体布局的美观、电路板电磁兼容性等等，所以工程师需要有丰富的经验

才行。

工厂制板就是实际去制作电路板。主要是在一块绝缘隔热材料的基板上，覆盖一层铜箔，根据设计的电路在制作过程中将多余的铜箔蚀刻掉，留下网状的细小线路。然后再作一系列处理，加上阻焊漆，刷上丝网，完成没有元件的裸板。现代制版工厂都是全部计算机操作，能实现很高的精度。所以PCB板可以做成多层，实现更复杂的电路，各层之间通过过孔来连接。现在我们已经能实现100层以上的电路板了。

◆PCB裸板

最后，将零件直接焊接在裸板上相应预留的位置，一块完整的电路板就完成了。

拓展思考

1. 找出一块电路板，你能认出上面的集成电路和分立元件吗？
2. 怎样辨别集成电路的管脚编号？
3. PCB上绿色的是什么？它有什么作用？
4. 你能简单描述下一块电路板的制作过程吗？

沟通无限

——生活与通信

通信，其实就是人与人沟通的方法。现代通信技术，让人与人的沟通更便捷、更有效。

现代电子技术已经渗透到各个科学领域。通信领域得益于电子技术的发展，已经成为如今发展最快的领域之一。我们现在的通信手段已经多种多样，其中最主要的是靠电话和互联网进行通信。互联网已经走入千家万户，不出家门就能给异国朋友发送电子邮件；电话更是日新月异，轻轻一摁就能和远在他乡的亲人问寒问暖。

让我们一同感受现代通信技术带给我们的惊人变化，一同享受美妙的便捷沟通吧。

人类智慧的结晶——生活中的计算机

计算机，它无愧于20世纪最伟大的发明，它是人类历史上最耀眼的明珠。

现在，计算机早已走出实验室，走进了千家万户。以前那个庞大笨重的家伙已经乖乖地躺在我们小小的桌面上了。并且，我们将它比拟人的大脑，赋予一个形象的名字——电脑。你现在在用电脑吗？你都用它来干些什么呢？那你了解它吗？你知道它主要是由哪些部分组成的吗？电脑软件又是个什么概念呢？面对这个人类智慧的结晶，你能满足于只是会用吗？相信你的好奇心会带你读下去。

◆台式计算机

计算机能用来干什么

计算机已经深入到科学、技术、社会的广阔领域，它的应用在我们生活中无处不在。首先在科学计算领域它的能力可是首屈一指，我们每天看的天气预报，是靠大型计算机经过大量的计算分析得来的。这些计算若是让人来做，等算出来已经毫无意义了。

数据处理是计算机应用的主要领域。数据处理是现代管理的基础，若没有计算机数据处理的贡献，我们现在的

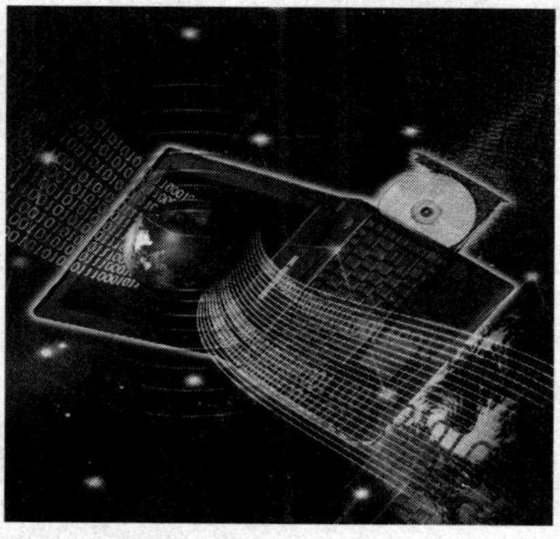

◆计算机世界

◆计算机应用广泛

◆品牌电脑

社会怎么能够这么井然有序。计算机还在辅助设计方面有突出贡献，像我们认识的 EDA 计算机辅助设计就是很好的例子，EDA 对电路设计可是革命性的，这些功劳都记在了计算机的头上。当然，还有其他很多优秀的计算机辅助设计，给我们带来了极大的便利。

人工智能是计算机利用的又一典范，利用计算机制造的机器人在医疗、高危工业上已经得到应用，完成人类无法完成的工作。离我们最近的当然是它给我们生活带来的诸多娱乐方式。丰富的视听资源，好玩的游戏，让我们在学习之余放松心情。

计算机在现代通信领域也扮演着非常重要的角色。计算机技术与现代通信技术的结合构成了计算机网络。计算机网络的建立，不但是建立了一个单位、一个地区、一个国家中计算机与计算机之间的通信，也将世界连在了一起。目前遍布全球的互联网，已把地球上的大多数国家联系在一起，使得人类社会信息化程度日益提高，为人类的生产、生活的各个方面都提供了便利。

电脑组成之一——硬件

电脑对于人类如此重要，以至于现代社会已经无法离开它了。我们日常看到的电脑是一台电视机状的显示器，和一个方形壳子的主机，加上手掌大小梭子状的鼠标，还有一个印有 26 个英文字母和 0～9 的数字及一些控制键的键盘。这些就是电脑的硬件。其中主机是电脑的核心，让我们来认识主机里面都是些什么，到底有什么魔力，有如此通天本领。

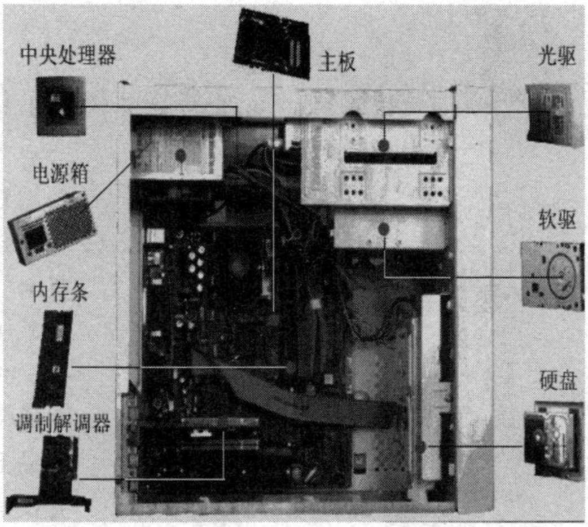

◆计算机内部

我们先来看看电脑的心脏——CPU，就是中央处理器。它是整个电脑的控制中心，所有命令都是从这里发出去的。它是最忙的，发热量大，所以它上面有一个风扇。CPU 是安放在一块大的板子上，这就是主板，它是各个系统的桥梁，各个系统间信息的交流都通过它。内存条是存放电脑运行时数据的设备，要执行的程序代码就会从硬盘中读取放到这里面。而我们所有的数据都存在硬盘里面，电脑关机时也能保存。还有光驱是用来读取光盘数据，软驱用来存取软盘数据。现在软盘已经很少见了，所以一般电脑就将软驱去掉了。

◆显卡

还有一个重要的设备是显卡，显示器的显示可是全靠它了，是连接主机和显示器的接口卡。网卡是我们连接网络的必备设备，提供了网络接口。

广角镜——显示器之CRT与LCD

◆液晶显示器

CRT显示器是指显像管显示器，工作原理与过去家中电视机的显像管是一样的。通过电子枪发射高速电子，击打屏幕上的磷光物质使其发光。它个头较大，现在的纯平显示器还有古老一点的球面显示器都是这种。LCD显示器是指液晶显示器，是两片平行的玻璃当中放置液态的晶体，透过通电与否来控制晶体分子改变方向，将光线折射出来产生画面。它体积比CRT要小得多，显示效果也更好。

你知道吗？

我们常说的显示器的尺寸是指显示器对角线的长度，单位为英尺（1英寸=2.54厘米）。

电脑组成之二——软件

如果把电脑比作人的话，硬件是身体躯干，而软件就是灵魂。只有硬件的话那电脑就是没有灵魂的外壳，形同行尸走肉。

计算机软件是指计算机系统中的程序及其文档。软件是我们与硬件之间的接口界面。我们主要是通过软件与计算机进行交流。软件是计算机系统设计的重要依据。

计算机软件总体分为系统软件和应用软件两大类。系统软件是各类操作系统，还包括操作系统的补丁程序及硬件驱动程序，如我们最常用的Windows操作系统。当然，还有一些其他的操作系统如Linux、UNIX等。

◆我们最熟悉的 Windows 系统桌面

◆卡巴斯基杀毒软件

应用软件可以细分的种类就更多了，如工具软件、游戏软件、管理软件、杀毒软件等都属于应用软件类。

拓展思考

1. 平时你用电脑来做些什么事？
2. 你能举出多少个生活中利用计算机的例子？
3. 你能说出电脑主机中主要有什么吗？
4. 你认识哪些计算机软件？它们是属于系统软件还是应用软件？

运动着的精灵——计算机网络通信

◆地球村

通信便是人与人的沟通、交流。课堂上与老师的互动，课下与同学的谈天说地，这是最初级的通信。这种通信方式自古就有，属于语言和文字的通信阶段。这一阶段也不乏多样的方法，烽火传递战事、快马驿站传递文件。电子技术发展后出现了电通信，打破了距离的限制，“千里眼”、“顺风耳”变成现实。而现在，我们已经进入电子信息通信阶段。我们周围布满了通信系统和通信网络，使我们的通信变得异常便捷，“千里眼”、“顺风耳”已经习以为常。在这张庞大的通信网络中，计算机网络是其中的主体，计算机技术和通信技术的结合成就了我们现在丰富的通信方式和内容，让我们走进计算机网络通信去探个究竟吧！

怎么用计算机来通信？

你用计算机上过网吗？也许你用浏览器看过新闻，关心过国家大事；也许你用邮箱给别人发过邮件；也许你用 QQ 跟同学甚至陌生的朋友聊过天，还有可能体验过视频对话。这就是你利用了计算机来通信。我们家里的电脑怎么跟别人的电脑相连完成通信的呢？这就要

◆网上聊天

靠计算机网络了。将地理位置不同的具有独立功能的多台计算机及其外部设备，通过通信线路连接起来，在网络操作系统、网络管理软件及网络通信协议的管理和协调下，实现资源共享和信息传递的计算机系统就是计算机网络。

我们正是利用计算机网络，通过一种统一的协议，发送数字信号到网络中的另一台电脑，这台电脑能够接受数字信号并根据统一的协议认出来是什么内容，这样，就完成了数字通信。全球最大也是我们最熟悉的网络是 Internet，即因特网。它遵循的协议是 TCP/IP 协议。

你知道吗?

协议就好比人与人之间的语言，只有我们都用汉语“你好”双方才知道这是问候的意思。网络协议是计算机在网络中实现通信时必须遵守的约定，也就是通信协议。协议将信息传输的速率、信息结构、传输步骤等制定成标准，双方都遵守这个标准就能顺利完成通信。

知识库——TCP/IP 协议

TCP/IP 是互联网上的计算机之间进行通信的一种协议。这个协议定义了计算机如何连接到互联网上，以及数据在这些电子设备之间传输的规则。TCP/IP 是在 20 世纪 60 年代由麻省理工学院和一些商业组织为美国国防部开发的，它可扩展性好、可靠性高，即使网络中大部分被破坏，依然能够维持通信。后来发展成为了全球最大的互联网——因特网的通信协议。

◆TCP/IP 协议教材

计算机网络通信的前前后后

◆电话通信

◆可随时随地上网的笔记本电脑

从古代的烽火传信、鸿雁传书，到现代的电话、电报、传真为方式的邮政电信业务，再进一步到现在基于互联网开展的 E－mail、IM（即时通信）和视频通信业务，人类通信的发展经历了各种通信手段的更新换代。

19 世纪中叶，人类发明了电报、电话，人们的通信方式发生了根本性的变革，实现了利用金属导线、甚至通过电磁波来传递信息。从此，人类的信息传递脱离常规的视听觉方式，用电信号作为新的载体，开始了人类通信的新时代。

进入 20 世纪电子技术逐渐兴起，随后计算机诞生，人类科技发生历史性变革。20 世纪 60 年代，计算机技术开始渗透到通信领域，诞生了计算机网络。它的诞生使计算机系统的组织方式发生了巨大变化，同时给通信技术的发展带来深远影响。现在，计算机网络通信迅速的发展和 Internet 的普及，使人们更深刻地体会到计算机网络的无所不在，网络通信的快速、轻松。

计算机网络的体系结构

计算机网络是将硬件系统和软件系统相互连接起来。它的结构异常复杂，为简化网络中遇到的各种各样的问题，人们就引入分层的概念，通过分层就把复杂的问题简化为了若干小的问题。

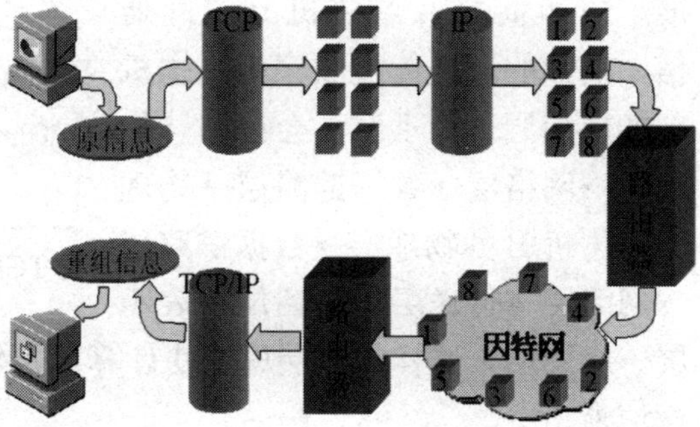

◆因特网网络结构

网络分层是一种结构技术，分层的基本概念就是在结构中的每一层都在其低层提供的服务之上再附加一定的功能，而整个系统的最高层能够提供所有服务。分层的另一目的是保证层间的独立性。由于只定义了某一层向高层所提供的服务，至于提供服务的这一层怎样提供这种服务则不作任何规定，因此每一层都具有一定的独立性。我们把计算机网络的分层及其协议的集合称为网络的体系结构，OSI 参考模型是由国际标准化组织提出的计算机网络体系结构。OSI RM（open system interconnection reference model）即开放系统互连参考模型。“开放”是指只要遵循 OSI 标准，一个系统就可以和位于世界上任何地方的也遵循同一标准的其他系统通信。

层号	名称	英文名称	主要功能简介
7	应用层	Application Layer	作为与用户应用进程的接口，负责用户信息的语义表示，并在两个通信者之间进行语义匹配，它不仅要提供应用进程所需要的信息交换和远地操作，而且还要作为互相作用的应用进程的用户代理来完成一些为进行语义上有意义的信息交换所必须的功能
6	表示层	Presentation Layer	对源站点内部的数据结构进行编码，形成适合于传输的比特流，到了目的站再进行解码，转换成用户所要求的格式并保持数据的意义不变。主要用于数据格式转换
5	会话层	Session Layer	提代一个面向用户的连接服务，它给合作的会话用户之间的对话和活动提供组织和同步所必须的手段，以便对数据的传送提供控制和管理。主要用于会话的管理和数据传输的同步
4	传输层	Transport Layer	从端到端经网络透明地传送报文，完成端到端通信链路的建立、维护和管理
3	网络层	Network Layer	分组传送、路由选择和流量控制，主要用于实现端到端通信系统中中间节点的路由选择
2	数据链路层	Data Link Layer	通过一些数据链路层协议和链路控制规程，在不太可靠的物理链路上实现可靠的数据传输
1	物理层	Physical Layer	实现相邻计算机节点之间比特数据流的透明传送，尽可能屏蔽掉具体传输介质和物理设备的差异

◆OSI 协议模型各层功能

OSI 参考模型在逻辑上将整个网络的通信功能划分为七个层次，1 到 7 层依次为物理层、数据链路层、网络层、传输层、会话层、表示层、应用层。两台主机的通信过程，都必须依次通过七个层次，其中各层之间有各自的协议，规定着统一的标准。假如主机 A 与主机 B 之间通信，实际的信息传递顺序为：主机 A 的应用层→表示层→会话层→传送层→网络层→数据链路层→物理层→主机 B 的物理层→数据链路层→网络层→传送层→会话层→表示层→应用层，这样的分层思想使计算机网络的体系结构变得层次分明，概念清晰。

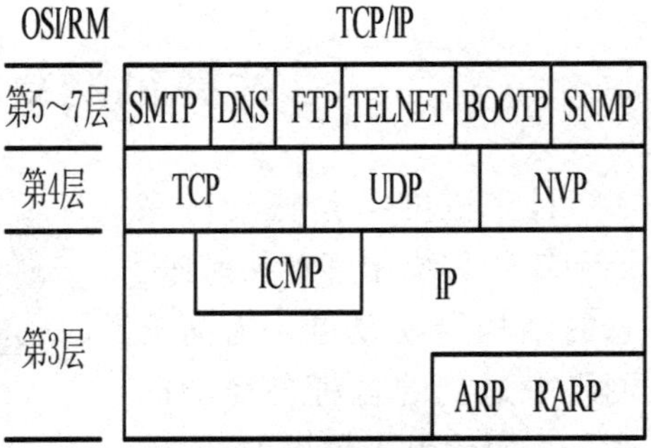

◆TCP/IP 协议与 OSI 层次对比

知识广播

路由器是一种多端口设备，它可以连接不同传输速率并运行于各种环境的局域网和广域网，也可以采用不同的协议。路由器属于 OSI 模型的第三层。网络层指导从一个网段到另一个网段的数据传输，也能指导从一种网络向另一种网络的数据传输。

拓展思考

1. 你了解计算机网络吗？利用网络学到过什么知识？

2. 你知道协议是什么吗？

3. 对网络分层你是怎么理解的？

4. 看看自己的电脑的 IP 是什么？上网搜索一下 IP 的各个数字代表什么。

现代通信中的先锋——电话机

◆幸福的现代人

从“周幽王烽火戏诸侯”到“飞鸽传书”，从“漂流瓶”到人类历史上第一份电报——“上帝创造了何等的奇迹!”，人类经历艰辛的探索，终于在电应用以后，实现了远距离短时通信。不过，电报只能传递文字，不能传递声音，通信还有很大的缺陷。但是，它给了人提示，人类没有放过一丝前进的机会，提出用电传声的设想。最终在 1876 年出现了电话，真正实现声音的传送，为通信技术注入极大的活力，拉开了电通信的序幕。如今，摆放在我们家里的电话已是各式各样，更有无线通信的飞速发展，大有取代固定电话之势。你在享受电话带来的便捷沟通时，是否回想过它的历史？是否知道这一小小电话怎么实现犹如面对面的对话？让我们回过头，感受人类的智慧和电话发展的艰辛历程。

大话通信史

公元 968 年，中国人发明了一种叫“竹信”的东西，它被认为是今天电话的雏形。这反映了我们祖先的聪明才智，但是，要想了解近代电信科技的发展历史，我们还是得从欧洲说起。1793 年，法国查佩兄弟俩在巴黎和里尔之间架设了一条 230 千米长的通信系统，并第一次使用“电报”这个词。1796 年，休斯提出了用话筒接力传送语音信息的办法，还把这种通

◆烽火台

◆莫尔斯 1844 年使用的第一台电报机

信方式称为——Telephone，一直延用至今。1837 年，著名的莫尔斯电码问世，利用“点”、“划”和“间隔”的不同组合来表示字母、数字、标点和符号。终于，在 1844 年，莫尔斯亲手操纵着电报机，发送了世界上第一份电报，发送距离为 64 千米。虽然只是简单地发送“滴滴嗒嗒”的莫尔斯码，现在我们看来是如此的小儿科，但是在当时已经引起举世轰动，是人类信息史上划时代的创举。这种电码的设计思想是前人留给我们的宝贵财富。

1844年，莫尔斯用他发明的电报机发送了人类电信号传输的第一句话：“上帝创造了何等的奇迹！”

◆爱迪生和他发明的电报机

电报的诞生证实了电通信的可行性，为人类传送语音的梦想带来希望。随后，人们掀起了研究电通信的高潮。终于，电报诞生不久，世界上第一部电话出现了，人类通信史向前跨出了革命性的一步。

谁发明了电话?

◆第一台电话——你能看出这是电话吗

早在 1854 年，电话原理就已由法国人鲍萨尔设想出来了。原理是：将两块薄金属片用电线相连，一方发出声音时，金属片振动，变成电，传给对方。但这仅仅还只是一种设想，问题是怎样才能把声音这种机械能转换成电能，并进行传送。

美国发明家亚历山大·格雷厄姆·贝尔最后的成功源于一个偶然的发现，1875 年 6 月 2 日，在一次试验中，他把金属片连接在电磁开关上，没想到在这种状态下，声音奇妙地变成了电流。对于贝尔来说无疑是非常重要的发现。次年，在贝尔 30 岁生日前夕，通过电线传输声音的设想意外地得到了专利认证。1876 年 3 月 10 日，贝尔的电话宣告了人类通信史的新时代的到来。

拓展思考

你知道贝尔的这次偶然是什么原因吗？这是利用了什么原理才使金属片的震动转化成了电流？这个原理又是谁发现的呢？

电话之父——亚历山大·格雷厄姆·贝尔

亚历山大·格雷厄姆·贝尔，1847 年 3 月 3 日出生于英国苏格兰的爱丁堡。

◆亚历山大·格雷厄姆·贝尔

他的父亲是一位嗓音生理学家。1862 年贝尔进入著名的英国爱丁堡大学，选择语音学作为自己的专业。1867 年毕业后又进英国伦敦大学攻读语言学。1869 年 22 岁的贝尔受聘为美国波士顿大学语言学教授。后来他辞去了教授职务，一心扎入电话的发明中。1876 年，29 岁的贝尔经过无数次失败后终于制成了世界上第一台实用的电话机。

贝尔一生从事研究的范围极广，曾获 18 项专利，还和其他人一起获得 12 项专利，其中 14 项为电话、电报，4 种为光电话机，1 项为留声机，5 项为航空飞行器，4 项为水上飞机，还有 2 项为硒光电池。然而，这些专利只代表贝尔发明才能的一部分，因为他的工作重点在基本原理方面。他丰富的创造性思维，在当时不可能样样都成为现实，他的许多设想到后世才见到成果。

开心驿站

1876 年 3 月 10 日，大发明家贝尔在研究电话的话筒时，一不小心将话筒中的酸液溅到了腿上。他大叫道“沃森先生，快来帮我！”在其他房间工作的贝尔的助手沃森听到了这人类第一句通过电话传送的语音。

轶闻趣事——到底谁发明了电话？

我们知道贝尔是我们公认的电话发明第一人，但是这其中有很多鲜为人知的故事。贝尔是在 1876 年 2 月 14 日向美国专利局递交了电话专利权的申请。然而，就在他提出申请两小时之后，一个名叫 E. 格雷的人也申请了电话专利权。由于贝尔 1876 年 3 月 10 日所使用的这部电话机的送话器，在原理上与格雷的发明雷同，因而格雷便向法院提出起诉。于是一场争夺电话发明权的诉讼案便由此展开，并一直持续了十多年。最后，法院根据贝尔的磁石电话与格雷的液体电话

有所不同，而且比格雷早两个小时提交了专利申请等这些因素，作出了现在大家已经知道结果的判决，电话发明权案至此画上句号。

除此之外，还有另外一个默默无闻的意大利人，1845 年移居美国的安东尼奥·梅乌奇。1850 年至 1862 年，梅乌奇制作了几种不同形式的声音传送仪器，称作“远距离传话筒”。可惜他一生穷困潦倒，无力保护他的发明。直到 2002 年 6 月 15 日，美国议会通过议案，认定安东尼奥·梅乌奇为电话的发明者。如今在梅乌奇的出生地佛罗伦萨有一块纪念碑，上面写着“这里安息着电话的发明者——安东尼奥·梅乌奇”。

尽管如此，电话仍然是一个时代的产物，它凝聚着包括贝尔在内的许多电话发明家的智慧和汗水。

电话的发展

从第一台电话发展至今，从工作原理到外形都有很大的变化。经历了从刚开始电话听筒和话筒一个到分开，从带摇把的磁石电话机到拨号盘式电话机，从拖着长长的尾巴到无绳电话机，电话机的发展映射出了科技的进步和通信技术的逐渐成熟。

◆古老的转盘式电话机

我国电话的发展起步晚，直到改革开放以后才有了飞跃式的发展。20 世纪 70 年代还在使用的手摇式的电话机，一通体力劳动后才接到话务员那里，还要再转接才能真正通上话。到了 80 年代，国家开放了电话安装政策，转盘式电话走进寻常百姓家。虽然外形一般，拨号麻烦，但在当时拥有它的家庭比现在拥有奥迪的都少。那时的电话颇有几分“阳春白雪”的孤寂。

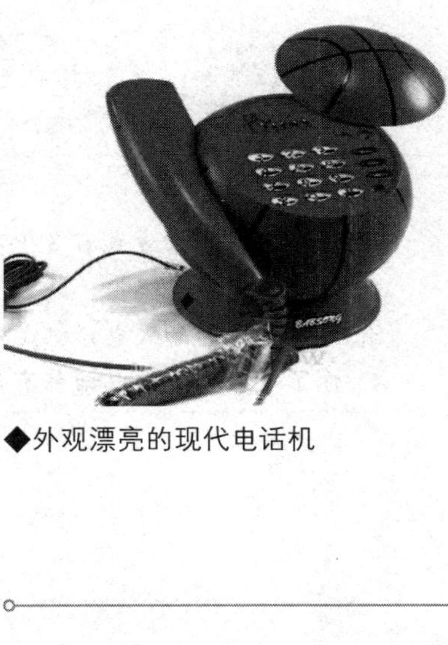

◆外观漂亮的现代电话机

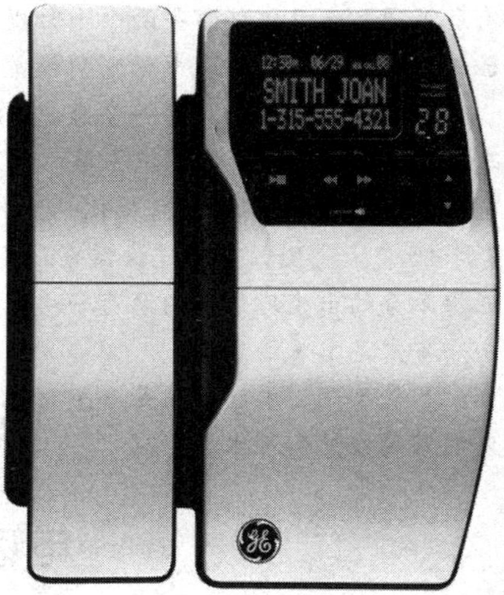

◆“喂，小丽呀”——模拟无绳式电话　　◆现代数字无绳电话

到了20世纪90年代，改革开放成效初显，按键式的电话迅速普及，电话发展的大时代终于到来了。到世纪交替时期，出现了无绳电话。随着一句“喂，小丽呀”经典广告词的狂轰滥炸，模拟无绳电话走进人们的生活当中。

到了21世纪，电话的发展更是日新月异。不但外形各异，通话质量等更是越来越好。随着数字化信息时代的发展，数字电话出现，更是有了可视电话，实现了电话通信的飞跃。

拓展思考

1. 你了解的通信方式有多少？
2. 你见过电报机吗？
3. 你印象中的老式电话机是什么样子的？
4. 你了解的最新的电话都有什么功能？

沟通无处不在——手机

◆现代绚丽的高端智能手机

人类从来没有停止过前进的步伐。从 1876 年第一台电话发明以来，传递语音的电通信技术迅速发展，一百多年间电话已经历过一代又一代的更替。但是人类并没有就此罢休，并没有沉浸在语音通信的喜悦中。固定电话有致命的弱点，必须在有固定电话的地方才能实现通话。随着科技的进步、社会发展的要求，固定电话的局限性更加凸显。这促使新的通信方式的诞生。再加上各方面科学技术的推波助澜，终于诞生了新的通信手段：不受空间的限制，随处、随时的通话。这就是现在我们最熟悉的手机。你了解手机的历史吗？知道它的发展过程吗？听过长辈感慨手机发展的速度吗？现在，是时候来认识这个通信界的霸主——手机了。

呱呱坠地的大砖头

1972 年 12 月的一天，美国摩托罗拉公司的工程技术人员马丁·库帕接受了一个特殊的任务，“我们需要开发一台移动电话，”领导说道。他惊奇地回答道：“移动电话是什么东西?”就是这样的情况下，马丁·库帕和他的团队接受了项目，6 个星期内做出移动电话的模型。之所以任务这么紧迫是因为当时美国联邦委员会正考虑允许另一家公司在美国市场建立移动网络，并提供无线服务，有了移动网络，移动电话肯定会火起来，摩托罗拉怎么肯错过如此大好商机。这样，第一部投入商用的移动电话被逼出

◆第一部手机

◆Nokia 的第一部移动电话

来了。1973 年，摩托罗拉推出世界上第一台手机的概念模型。经过长达 10 年的开发，耗资 1 亿美元后，1983 年，第一台真正意义上的移动电话终于问世。想想现在如此繁荣的手机市场，是仅发展了 30 年的结果，真是人类的一个奇迹。

历史上移动电话的研究起步更早，据载美国人内森·斯塔布菲尔德1902年推出移动电话的发明，像垃圾筒盖般大小。而他只是一个普通的瓜农，有人将他尊称为手机之父。

这第一台手机型号是 Dyna TAC 8000X，它可是个大家伙，在今天看来是如此不可思议，重 3 千克，只能通话不到一小时，售价却是 3995 美元，被称为最贵的砖头。

世代更替之一——模拟手机

模拟的移动电话又称为第一代手机（1G）。我们在 20 世纪 80～90 年代香港等影视作品中看到的“大哥大”就是模拟移动电话的经典。大哥大最早是由美国摩托罗拉公司研制的。由于当时电池容量和模拟调制技术需要硕大的天线，还有当时集成电路发展水平的限制，这种手机个大如砖块，在危急的场合甚至可以用作武器。

模拟手机通过电波所传输的信号模拟人讲话声音的高低起伏，因此这

◆摩托罗拉 8900——第一款翻盖手机

◆我国第一部移动电话——摩托罗拉 3200

种通信方式被称为“模拟方式”。这种大哥大原理上就类似于简单的无线电双工电台，用可调频电台就可以窃听，无保密性可言。

在我国，模拟手机时代从 1987 年开始到 2001 年中国移动停止模拟移动电话网业务截止，有十几年的历史。

世代更替之二——数字 GSM 手机

GSM（Global System for Mobile Communications），全球移动通信系统，俗称“全球通”，是一种起源于欧洲的移动通信技术标准，是第二代移动通信技术（2G）。其开发目的是让全球各地可以共同使用一个移动电话网络标准，让用户使用一部手机就能行遍全球。模拟移动电话时代手机的功能往往仅是局限于通话功能，而且受到技术、材料各方面的限制，款式上相当单一，缺乏变化，可称为手机的史前时代。我国的 GSM 数字网从 1994 年在中国建成第一个 GSM 通信网络开始，2001 年的模拟网转网，GSM 数字网全面替代以往的模拟和 GSM 两网并存的格局。我们现在正是

◆我国第一款 GSM 手机——爱立信 GH337

◆绚丽的现代 3G 手机

处于第二代的 GSM 时代。

GSM 将资料数字化，并对数据进行压缩，然后与其他的两个用户数据流一起从信道发送出去，另外的两个用户数据流都有各自的时隙。数字 GSM 具有防盗拷能力佳、网络容量大、手机号码资源丰富、通话清晰、稳定性强不易受干扰、信息灵敏、通话死角少、手机耗电量低等诸多优点。我们现在应用最广泛的也就是 GSM，现在除了可以进行语音通信以外，还可以收发短信、彩信、无线网络 GPRS 等。

万 花 筒

第二代手机标准除了 GSM 还有 PHP 和 CDMA，PHP 即小灵通的标准。CDMA 在欧美应用比较广泛，可以说是介于 2G 和 3G 之间的标准，称为 2.5G。

拓展思考

1. 你拥有手机吗？你了解的手机除了语音通话还有什么功能呢？
2. GSM 是什么？
3. 你了解 3G 手机吗？什么是 3G 呢？

看不见，却无处不在——无线通信

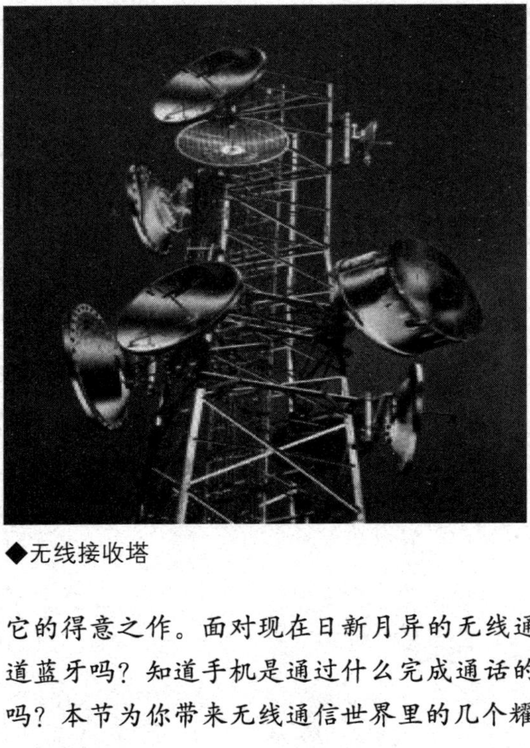

◆无线接收塔

说起无线通信，就不得不提无线通信的载体——电磁波。我们周围看似平静的空气中，其实各种各样的电磁波在其中是明争暗斗、错综复杂。这些电磁波有的是人为发射的，有的是我们的电子产品的电磁辐射，当然还有各种各样的光波。有的漫无目的，有的目标执著。从1864年英国科学家麦克斯韦断定电磁波的存在以后，电磁波给人类社会带来革命性的变化，无线通信技术是它的得意之作。面对现在日新月异的无线通信发展，你了解多少呢？你知道蓝牙吗？知道手机是通过什么完成通话的吗？知道无线网是怎么一回事吗？本节为你带来无线通信世界里的几个耀眼的明星。

无线的载体——电磁波

电磁波是我们各种各样的无线通信的最大功臣，没有它，无线通信可就无依无靠、无从谈起了。无线通信是靠电磁波在空间传播来实现的。那就让我们认识无线通信之前先认识下这位素未谋面却默默贡献的好朋友——电磁波吧。1864年，英国科学家麦克斯韦在总结前人研究电磁现象的基础上，建立了完整的电磁波理论。他断定电磁波的存在，推导出电磁波与光具有同样的传播速度。1887 年德国物理学家赫兹用实验证实了电磁波的存在。之后，人们又进行了许多实验，不仅证明光是一种电磁波，而且发现了更多形式的电磁波，它们的本质完全相同，只是波长和频率有很大的差别。

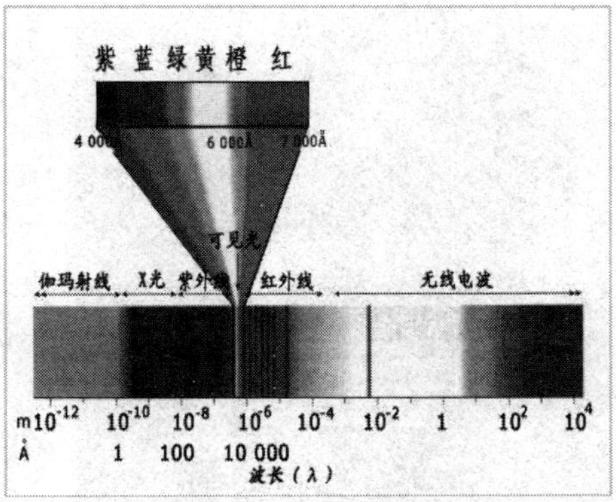

◆电磁波谱

我们无线通信中所传播的电磁波称为无线电波，波长范围在 3000 米到 0.3 毫米。电磁波应用于无线通信要追溯到无线电报的发明，从那以后，无线通信开始兴起。

原 理 介 绍

电磁波

电磁波是一种能量。电和磁就像连体婴儿，电流会产生磁场，变动的磁场则会产生电流。变化的电场和变化的磁场构成了一个不可分离的统一的场，就是电磁场，而变化的电磁场在空间的传播形成了电磁波，也常称为电波。

历史故事——电磁波的发现

1831 年 10 月 17 日，经过大量的实验，法拉第终于发现磁能产生电流。法拉第发现电磁感应的当年，在英国爱丁堡附近，诞生了一位去接法拉第手中“接力棒”的伟大人物——麦克斯韦。经过 5 年的潜心研究，麦克斯韦发表了一组描述电磁场运动规律的方程，证明了：变化的磁场可以产生电场，变化的电场又可以产生磁场，预言了电磁波的存在。遗憾的是，由于没有有力的证据证明电磁波的存在，这一理论没有得到当时多数物理学家的赞同。

随后，是赫兹，这位德国年轻的科学家接过了科学的接力棒，在电磁波理论

◆电学之父——法拉第

◆著名物理学家——麦克斯韦

上继续研究起来。赫兹终于在1888年发现了电磁波，那就是在一个电路发生振荡放电时，附近的一个没有电源的电路也出现了电火花。麦克斯韦于24年前所作的预言完全得到了证实。7年以后，马可尼和波波夫利用赫兹的电磁实验，分别发明了无线电报，开创了通信技术的新纪元。

◆著名物理学家——赫兹

后来爱因斯坦对法拉第、麦克斯韦、赫兹作了如下评述：法拉第和麦克斯韦的思想，是物理学自牛顿以来的一次最深刻和富有成效的变革；麦克斯韦的天才迫使他的同行们在概念上要作多么勇敢的跃进。只是等到赫兹用实验证明了麦克斯韦电磁波的存在以后，对新理论的抵抗才被打垮。

百花齐放的无线通信

近些年信息通信领域中，发展最快、应用最广的就是无线通信技术。马可尼的无线电报开创了人类无线通信的新纪元。无线通信发展初期，受技术条件的限制，人们大量使用长波及中波进行通信。20 世纪 20 年代初人们开始使用短波通信。20 世纪 40 年代到 50 年代产生了传输频带较宽、性能较稳定的微波通信，成为长距离大容量地面无线传输的重要手段。而后逐步进入数字微波传输。20 世纪 80 年代中期以来，随着一些调制与检波技术的发展，使数字微波传输产生了一个革命性变化。电磁波技术的发展衍生了一系列的无线通信方式，让我们来认识几个日常生活中经常遇到的蓝牙、WIFI 以及无线移动通信网。

小 知 识

长波频率为 300kHz 以下，中波频率 300kHz 到 3MHz，短波频率为 3M～30MHz，微波频率 300MHz 到 300GHz，它们都属于无线电波。

短距之王——蓝牙

现在越来越多的手机实现了蓝牙功能，蓝牙到底是什么呢？它是一种支持设备短距离通信（一般 10m 内）的无线电技术。能在包括移动电话、PDA、无线耳机、笔记本电脑以及相关外设等众多设备之间进行无线信息交换。

◆蓝牙标志

蓝牙是短距离无线通信的首选，它有以下几点独到的优势：使用蓝牙技术不需要支付任何费用；可在全球范围内使用，不需要其他固定的基础设施。现在蓝牙应用范围广泛，能够实现各种设备的短距离无线通信，甚至可以连到因特网。

无线接入因特网新贵——WIFI

◆WIFI 手机工作方式

随着因特网的发展，开辟无线接入是大势所趋。1997 年获得全世界范围内广泛认可的无线网接入协议 802.11 标准发布，开启了世界范围无线网发展。WIFI（Wireless Fidelity）就是基于此标准可以将个人电脑、手持设备（如 PDA、手机）等终端以无线方式互相连接的技术。它的最大优点就是传输速度较高，最高可以达到 54Mbps，另外它的有效距离相比蓝牙也有很大提高，约为 100 米。同时也与已有的各种 802.11 DSSS 设备兼容。

现在 WIFI 已经是智能手机的一分子，有的 WIFI 手机上网速度能够达到正常电脑上网的速度，极大推动手机上网业务。在我国现在由于种种原因手机 WIFI 还遇到一些障碍。

无线移动通信网

手机的兴起源于无线通信的发展。现今各种各样的手机通信网络极大地推动了手机的迅猛发展。像我们日常熟悉的 GSM、CDMA、GPRS、3G 等，是我们熟悉的手机的不同制式及不同的手机上网业务。

GSM 即全球移动通信系统，是由欧洲标准委员会制定出来的移动电话标准。我国现在中国移动的手机业务就主要是基于此网络建立的。而 GPRS 是基于 GSM 网络平台提供的一个手机上网服务，它是按照流量收费的，使手机上网更便宜、更方便。

◆GSM 通信基站

◆中国移动的 GSM 手机 SIM 卡

而 CDMA 是扩频通信技术上发展起来的一种崭新而成熟的无线通信技术。它具有频谱利用率高、话音质量好、保密性强、掉话率低、电磁辐射小、容量大、覆盖广等特点，可以大量减少投资和降低运营成本。中国联通 2006 年推出了 CDMA，属于 2.5G 通信技术，是在数字网络的基础上发展起来的。而 3G 是我们目前热门的话题，它到底又是什么呢？它是第三代移动通信系统的统称，让我们在下一节再详细去认识它吧。

广角镜——手机 WIFI 与 GPRS

手机用 WIFI 上网实际上类似于用笔记本电脑的无线网卡上网，跟 GPRS 上网方式有本质上的不同。WIFI 的流量与 GPRS 流量不同，因此 WIFI 上网不会有 GPRS 流量计费，而 GPRS 按照流量收费。一个很明显的对比在于当手机处于离线模式或把 SIM 卡拿下时无法使用 GPRS 却仍可以通过 WIFI 上网。

◆CDMA 手机

拓展思考

1. 说说你生活中了解到的电磁波?

2. 无线电波的波长范围是多少? 它如何分类?

3. 你接触过蓝牙或 WIFI 吗? 它们到底是什么?

4. 留意生活中移动通信的基础设施, 看看都是哪个无线通信运营商的网络设备?

面对面的通话——3G 和 4G

目前 3G 可是个炙手可热的话题，随着 2009 年初中国三大电信运营商分别拿到 3G 的牌照后，3G 手机可谓一夜蹿红，3G 已不再是高不可攀，3G 手机飞入了寻常百姓家。就在人们感叹 3G 的神奇，让多年的梦想得以实现时，4G 这么个让人摸不着头脑的名词又不甘示弱地跳入人们的视野当中，到底 3G 神奇在哪里呢？4G 又是怎么回事呢？这些和以前的移动通信有什么区别呢？3G 在你脑中到底是个什么概念？这节我们就来认识这俩好兄弟 3G 和 4G。

◆3G 标志

3G 到底是什么

3G 是英文 3rd Generation 的缩写，指第三代移动通信技术，其核心技术是 IP 封包（因特网协议），可实现高速获取因特网服务。可见，它只是一种技术，我们最熟悉的 3G 手机只是这项技术在移动通信领域的一项应用。3G 手机一般是指将无线通信与因特网等多媒体通信结合的新一代移动通信系统。

◆3G 时代来临

3G技术要想在全世界全面推广，必须有好的标准作为基础，这样才能实现3G产品在世界范围内畅通无阻。2000年5月，国际电信联盟正式公布第三代移动通信标准，我国提交的TD－SCDMA正式成为国际标准，与欧洲WCDMA、美国CDMA2000成为3G时代主流的三大技术之一。2009年初，我国三大电信运营商终于分别获得不同标准的3G牌照，至此，3G开始在我国迅速发展起来。

链 接

3G 牌照

3G牌照是无线通信与因特网等多媒体通信结合的新一代移动通信系统的经营许可权。就好比各行业的营业执照一样，得有国家有关部门许可才可经营此业务。

广角镜——中国的3G网络

在3G这划时代的无线技术到来之前，我国的电信界经历了一场历史性的变革。2008年6月我国六大电信业务运营商进行了重大重组，中国铁通并入中国移动成为了新的中国移动，中国联通的CDMA网业务并入中国电信成立了新的中国电信，中国联通的GSM网业务和中国网通合并成为了新的中国联通，从而中国电信运营商形成了三足鼎立之势。在本次电信重组中，中国铁通被并入中国移动集团，变成了中国移动一家全资子公司。那么此前中国铁通无论是固定电话用户还是宽带用户都被转成中国移动的用户。伴随着“六合三”的改革重组完成后，3张基于不同标准的3G牌照也将发放，TD－SCDMA为中国自主研发的3G标

◆电信重组之三足鼎立

准，目前已被国际电信联盟接受，与 WCDMA 和 CDMA2000 合称世界 3G 的三大主流标准。

最终新中国移动获得 TD－SCDMA 牌照，新中国电信获得 CDMA2000 牌照，中国联通获得 WCDMA 牌照。

3G 标准——TD－SCDMA、CDMA2000、WCDMA

TD－SCDMA 是时分同步 CDMA，该标准是我国独自制定的 3G 标准。因具有辐射低的特点，被誉为绿色 3G。它对业务支持具有灵活性、频率灵活性，非常适用于 GSM 系统向 3G 升级。

CDMA2000 是由窄带 CDMA 技术发展而来的宽带 CDMA 技术，由美国高通北美公司为主导提出，该标准建设成本低廉，是目前各标准中进度最快的。但是适用地区较少。

WCDMA 全称为 Wideband CDMA，是基于 GSM 网发展出来的 3G 技术规范，是欧洲提出的宽带 CDMA 技术。GSM（2G）到 WCDMA（3G）的演进策略，使得这套系统能够架设在现有的 GSM 网络上，对于系统提供商而言可以较轻易地过渡。

◆2G 与 3G 手机

◆移动 3G 标志

谈电子世界

链接——3G 新生活

◆3G 美好生活

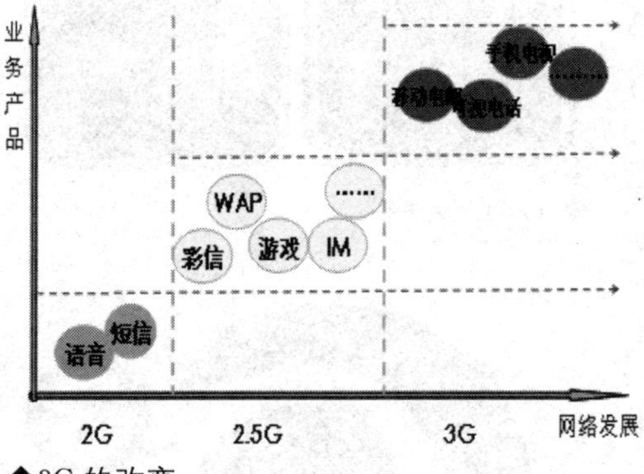

◆3G 的改变

3G 给我们的生活带来全新的享受，让我们来看看 3G 到底能干什么吧。

3G 是你在出租车里的视频会议。3G 时代，传统的语音通话是很弱的功能了，而视觉冲击力强，快速直接的视频通话会更加普及和飞速发展。

3G 是你坐在火车上也不会错过的肥皂剧。手机流媒体软件成为 3G 时代最多使用的手机电视软件，在视频影像的流畅和画面质量上不断提升，突破了技术瓶颈，真正大规模被应用。

3G 是你遇到难题时可随时随地的网上搜索。宽带上网是 3G 手机的一项很重要的功能，我们能在手机上收发语音邮件、写博客、聊天、搜索、下载图铃等。那不能让人忍受的 GPRS 网速，随着 3G 时代到来，将成为过去，手机变成小电脑就再也不是梦想了。

令人眩晕的 4G

就在 3G 通信技术应用得如火如荼时，更高的技术应用已经在实验室开始研发了。因此在我们享受第三代移动通信系统所带来的优质服务的同时，第四代移动通信系统的最新技术也在实验室中悄然进行。那么到底什么是 4G 通信呢？

到目前为止人们还无法对 4G 通信进行精确的定义。有人说 4G 通信的概念来自其他无线服务的技术，从无线应用协议、全球袖珍型无线服务到 3G；有人说 4G 通信是一个超越当前的研究主题，4G 通信是系统中的系统，可利用各种不同的无线技术。但不管人们对 4G 通信怎样进行定义，有一点我们能够肯定的是 4G 通信将是一个比 3G 通信更完美的新无线世界，它将可创造出许多消费者难以想象的应用。4G 最大的数据传输速率将是目前移动电话数据传输速率的 1 万倍，也是 3G 移动电话速率的 50 倍。4G 手机将可以提供高性能的汇流媒体内容，并通过 ID 应用程序成为个人身份鉴定设备。它也可以接收高分辨率的电影和电视节目，从而成为合并广播和通信的新基础设施中的一个纽带。此外，4G 的无线即时连接等某些服务费用将比 3G 便宜。还有，4G 有望集成不同模式的无线通信——从无线局域网和蓝牙等室内网络、蜂窝信号、广播电视到卫星通信，移动用户可以自由地从一个标准漫游到另一个标准。

对于我们来说，未来的 4G 通信显得很神秘，不少人都认为第四代无线通信网络系统是人类有史以来发明的最复杂的技术系统，在第

◆4G 手机

通过本节介绍，对比一下3G和4G，看看4G在哪些方面比3G更高一筹。也可以上网查找资料了解3G和4G，畅想一下4G的未来生活会是什么样子。

◆手机电视

四代无线通信网络具体实施的过程中出现大量令人头痛的技术问题，大概一点也不会使人们感到意外和奇怪。但是我们有理由相信，第四代无线通信网络技术将会给我们的生活带来无限美好的未来！

拓展思考

1. 到现在你了解的无线通信网络都有什么？与3G相比有什么不同？
2. 你接触过3G的电子产品吗？说说它们的优点有哪些？
3. 我国目前有哪些3G网络运营商？
4. 你听过4G吗？来畅想一下吧。

“随身”演义

——完美视听世界

科技的进步带给人的是美的享受。随着视听电子产品的发展，我们已经可以不用去音乐厅，就能在家享受到美妙的音乐。而随着随身视听产品的迅速崛起，我们更是可以随时随地看自己想看的，听自己想听的。

随着我们的收音机从硕大的个头到放于掌心，我们的 MP4 将电影带在我们身边，我们感叹电子科技的发展。视听世界的成员越来越多，个头越来越小，功能却越来越绚丽，我们在享受这一切的同时，不要忘记回头看看这艰辛的发展历程，让我们一同走进随身视听的神奇世界。

视听界的先驱——收音机

也许你已经很少见过下图这个古老的收音机了，但是你肯定在其他产品中享受过收音机的功能。随着电子产品越来越小，功能越来越强，收音机已经融入到很多电子产品中去，成为了它们的一部分。

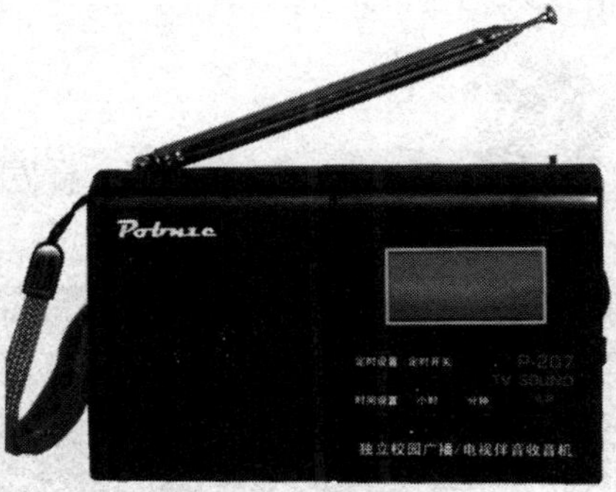

◆现代收音机

你可曾知道收音机的年龄可是比我们周围的很多产品都大得多，它是无线电发明以后最早的产品之一，是电子界的老大哥。它有着光辉的历史，曾经风靡一时，为人们传递实时的新闻，奉献精彩的节目。

那么收音机是怎么发展起来的呢？是怎么从硕大的个头发展到现在瘦小的身躯的呢？它现在都以什么形式存在呢？让我们一同来追溯收音机的光辉历程。

电子界的元老

说起收音机，要从无线电通信的发明说起，它是多位伟大的科学家先后研究发明的结果。还记得电报机的发明吧，1844 年，莫尔斯发送了世界上第一份电报，开启了无线通信先河。1888 年德国科学家赫兹，发现了电磁波的存在。

◆古老的收音机

1895 年，一个富裕的意大利地

主的儿子、年仅21岁的马可尼，在他父亲的庄园土地内，对无线电波成功地进行了第一次发射，为收音机的出现奠定了基础。

随后，1901年马可尼又成功发射无线电波横越大西洋，为他发明收音机做好了准备。后来他沿着科学家们对无线通信的研究方向，潜心钻研，终于发明了收音机，并注册了专利。他还成立了收音机工厂，将无线电通信投入到实际的应用当中。

历史故事——又一起发明纠纷

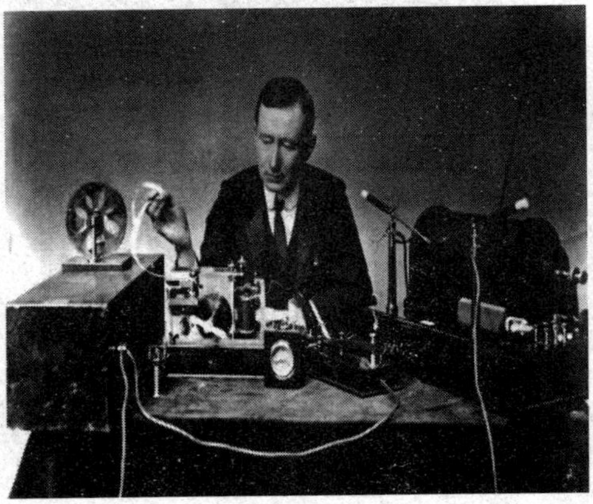

◆马可尼和他的无线电

关于收音机的发明者历史上是有争议的，有人说是俄罗斯物理学家波帕夫，有人说是马可尼。波帕夫1859年出生于俄罗斯，是一位牧师的儿子。他从1885年开始，踏着前人麦克斯韦及赫兹的脚印，潜心研究无线电通信。并在1895年的一场演讲中，公开他改良接收器后成功发射及接收了无线电信号的研究结果，这是收音机的雏形。或许因为他是一位学者，太过于专心于学术的研究，并没有将收音机的发明公布于世。相反地，马可尼却非常有商业头脑，他通过研究无线电通信发明收音机后，成立了世上第一家收音机工厂并获得专利权。

但是有人批评他制造的收音机，只是将别人发明的线圈、无线信号收发器等结合在一起，但是，他在无线电设备的实际应用方面的贡献，却是不可磨灭的。其实，科学的发明往往是众多科学家先后努力的结果，仅靠马可尼一人之力，是不可能完成收音机的发明的。

因在无线电通信方面的贡献，马可尼在1909年11月与德国物理学家布劳恩同获当年的诺贝尔物理学奖。

收音机是怎么工作的

收音机是怎样收听到节目的呢？说起来很简单，就是把从天线接收到的高频信号经检波还原成音频信号，送到耳机或喇叭变成声波。随着科技的进步，天空中有了很多不同频率的无线电波。如果把这许多电波全都接收下来，音频信号就会像处于闹市之中一样，许多声音混杂在一起，结果什么也听不清了。为了设法选择所需要的节目，在接收天线后，有一个选择性电路，它的作用是把所需的信号（电台）挑选出来，并把不要的信号"滤掉"，以免产生干扰，这就是我们收听广播时，所使用的"选台"按钮。

当然，收音机收听节目还要有广播电台发送无线信号。1920 年 10 月，美国匹兹堡市私人经营的 KDKA 广播电台取得政府发放的营业执照，开始播音，成为美国也是世界上第一家正式广播的调幅广播电台。二十多年后，调频广播诞生，也推动了收音机的大发展。

知识窗

检　波

将音频信号或视频信号从高频信号（无线电波）中分离出来称为检波也称为解调。

小贴士——调幅与调频

我们从一般的收音机上会看到 AM 和 FM，这就是我们要说的调幅与调频。

对连续波的调制方法有三种，幅度调制、频率调制、相位调制。幅度调制简称调幅，用 AM 表示，频率调制简称调频，用 FM 表示。

我们不可能直接传送语音，要先用一个转换装置将语音信号转换成振幅平缓变化的电压信号，这就是我们要传输的信号，叫做调制信号，然后将调制信号与一个高频率的信号通过调制电路调制后再由高频放大电路进行放大，作为无线电

◆各式各样的电子管收音机

波发射出去。我们把被调制的高频信号叫做载波，把已经调制好的信号叫调幅波。

我们要传输的话音信号已经包含在了调幅波中，换句话，就是我们把调制信号从低频搬移到了高频，以便利用电离层传播。这样我们通过发射装置将已调信号发射出去，在接收端接收信号后，通过解调装置恢复出原信号。再经过转换装置将电压信号恢复成人的普通话音，就实现了两地之间两个人的通话目的，这也是短波通信电台的基本原理。

我们再来看调频，有了上面的知识作基础，我们就不难理解调频的原理。调频，就是载波的频率随着话音信号的变化而变化，话音信号幅度大，载波的频率相应变高，话音信号幅度小，载波的频率相应变低。注意，这里变化的是频率，而不是幅度，这也是调频和调幅的区别，我们经过调制，就得到了一个频率随着调制信号变化而变化的已调信号，我们称之为“调频信号”。

小博士

认真体会调制与解调的关系和过程。这是人类为了利用无线电信号传送语音及其他有用信号的一种手段，就好像我们要去某个遥远的地方，先坐上汽车，借助于汽车，车走到哪，我们也就到了哪，到了地方，从车上下来，完成了整个过程。

收音机大家庭

收音机兴起初期，最为流行的是矿石收音机和电子管收音机。“矿石收音机”的名字源于早期的检波器元件是直接用天然矿石制成，使用时得通过一根金属探针调整其在矿石上的压力和方位而得名。这种收音机的神

◆自制矿石收音机

◆国产电子管收音机

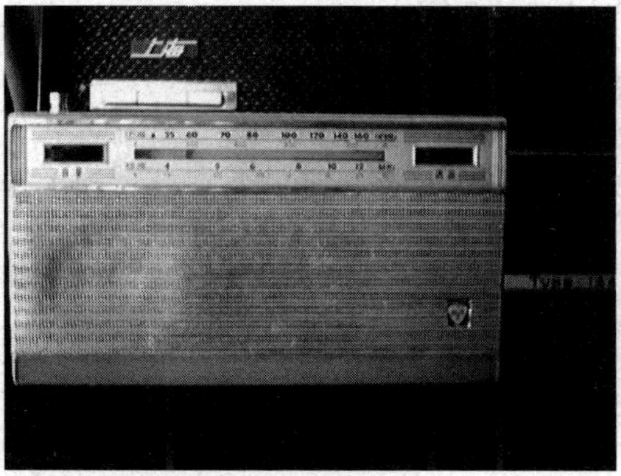

◆国产晶体管收音机

奇之处是不使用电源，电路里主要有一个半导体元件。

电子管收音机当然是得益于1904年电子管的发明，是真空电子管发明后的重要应用。电子管的应用使得收音机的性能得到很大提升，大大推动了收音机的发展。

随着晶体管的发明，电子技术进入晶体管时代。晶体管收音机也应运而生。从电子管向晶体管的过渡是收音机发展的一次飞跃：晶体管工作电压低、耗能小，使电池供电收音机成为现实；晶体管体积小，抗振动能力强，能够极大地减小收音机的体积与重量，促进了便携式收音机发展。这个时代，收音机家族得到迅速壮大，我国当时也出现了一些经典的收音机品牌，像熊猫、春雷、海燕、海鸥、红灯等收音机，在老一辈人的心中留下了美好的记忆。

数字时代的收音机

电子技术发展到数字化时代，收音机，这一看似古老的电器也随之焕发出了新的青春，对于我们的生活，仍然具有不可忽视的影响。随着数字

◆数字收音机

电路的发展和微处理器的成熟与应用，收音机实现了自动调谐、频率存储、数字显示等功能。广播电台也在更新，将数字化融入了广播制作、发射、传输与接收的全部流程。接收数字化、功能多样化、结构集成化和声音保真化成了未来收音机发展的趋势。

寻找现代的收音机

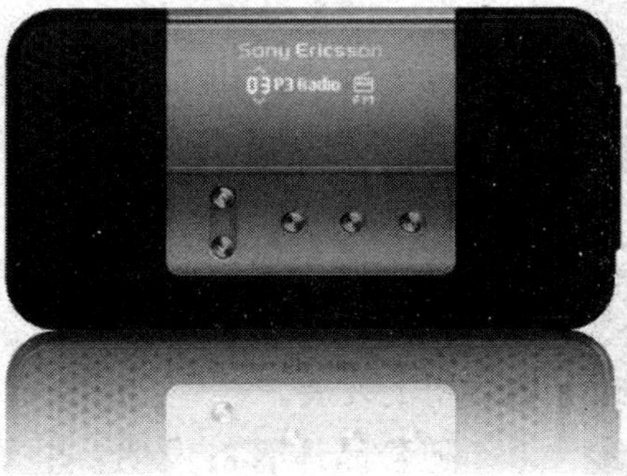

◆世界首款收音机手机

现在看看我们的周围，你能找到多少收音机的身影？收音机经历电子管时代、晶体管时代，到了集成电路时代身材变得更加瘦小，已经成为了一块小芯片。现在，纯粹的收音机已经少之又少，以前大块头的收音机变成了随身的 MP3、手机中的一小部分，成为了其他电子产品的一个功能。

实验——动手制作收音机

用两根细铜丝将耳机连在一块矿石上，自制一根天线架在屋顶。用铜丝把天线引下来，将铜丝末端在矿石上滑动，以此来寻找频道。看看能不能从耳机中听到声音？这一套装置就是最简单的矿石收音机了。

◆自制矿石收音机

拓展思考

1. 你用收音机收听过电台节目吗?
2. 你所了解的电子产品中都有哪些具有收音机的功能?
3. 收音机的基本原理是什么?
4. 你理解收音机中的调幅、调频吗?

美好的回忆——磁带随身听

◆享受音乐

在这个MP3等数字音乐充斥的时代，一台老的磁带随身听会激起一代人美好的回忆。年轻的读者估计很多只是听说过它辉煌的过去，没有见过它亮丽的身影。

也许，和现代的CD、MP3等随身装备相比，它的个头是有些大，但是对于20世纪80年代的人来说，磁带随身听带来的回忆和对音乐的向往是最原始、最纯真的。曾几何时，公交车里、大学校园路上，随身佩戴各式各样磁带随身听的少男少女随处可见，那一张张透着专注的年轻面孔，传达着“随身一族”一代人在喧闹繁忙的都市中对自我的适度关注和张扬，默默地表达了蕴含着个人色彩的特立独行。

你也许没有见过磁带随身听，但是磁带随身听却开创了一个“随身一族”的时代，让我们以缅怀的心情回味一下那段并不算悠久的磁带随身听时代。

磁带是什么

说起磁带随身听就不得不提磁带，它是随身听的重要组成部分，是信息的载体。没有它，磁带随身听就成了一个摆设，无法放出优美的乐曲。

磁带是一种磁记录材料，用于记录声音、图像、数字或其他信号。通

◆磁带

◆磁带随身听中放磁带的地方

常是在塑料薄膜带基上涂覆一层颗粒状磁性材料或蒸发沉积上一层磁性氧化物或合金薄膜而制成。

磁带使用时是被安装在两个磁带轴上，通过磁带轴的转动使磁带通过磁头，磁头实现读取或者写入信息的功能。

磁带随身听光辉历程之诞生

◆第一台磁带随身听 TPS－L2

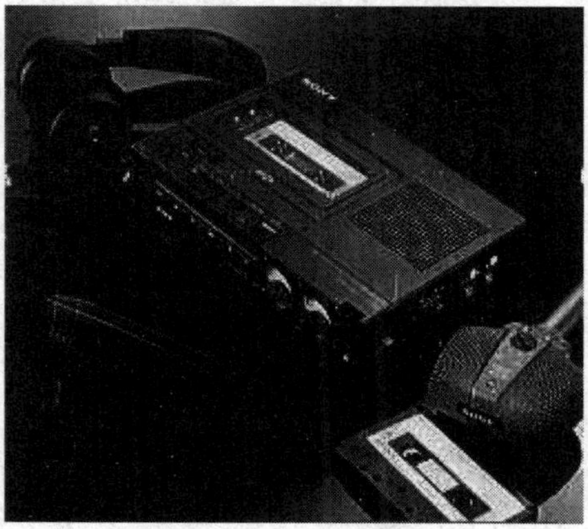

◆笨重的 TC－D5

20 世纪 70 年代，立体声的磁带录放机已经进入普通家庭，但是所有的便携式的都局限于单声道设计，阻碍了它的发展。1978 年，引领录放机潮流的小型立体声录放机 TC－D5 终于诞生了，但号称小型的它个头近乎有我们的课本那么大，放在家里去听还不错，节省空间，但是要随身带着就显得笨重了。

磁带录放机推动了音乐的发展，喜欢音乐的年轻人越来越多。但是那个大个只能放在家里面享受。市场需求推动社会发展，随身产品呼之欲出。日本索尼公司抓住这一市场机遇，终于在1979年的7月1日推出了世界上第一款磁带随身听——TPS－L2，开创了随身听的时代，对随身视听世界来说具有划时代的意义。

磁带随身听的优势主要有便于携带、体积小、重量轻，且在欣赏音乐时不会影响他人，推出以来深受各阶层人士尤其是年轻人的喜爱。当时，WALKMAN便成了时尚的代名词。

知识窗

立体声与单声道

立体声顾名思义即有立体感的声音。声音是有固定方向来源的，我们听觉有辨别声源方位的能力。如果录音时能够把不同声源的空间位置反映出来，使人们在听录音时，就好像身临其境直接听到各方位的声源发音一样。这种放声系统重放的具有立体感的声音，就是立体声。单声道是没有这种空间立体感的。

小故事——一个偶然的电话

1978年，当时索尼公司的名誉会长井深是TC－D5的爱好者，每当他到海外出差时，都会带上这个“大课本”在飞机内使用耳机，聆听立体声音乐。一天，即将前往美国出差的井深，对当时的副社长大贺说：“我又要出差了，但是我不打算再使用笨重的TC－D5，可不可以在便携式录放机上放入立体声电路?”大贺立即打电话给录放机事业部长大曾根幸三，传达井深的愿望。当时他们万万没有想到的是，就是这一个电话导致了今后庞大的随身听家族的诞生。

大曾根幸三在井深前往美国出差之前，终于做好这个便携式的改造品，井深相当满意，索尼当时的会长盛田听后说：“这的确与利用音箱聆听的感觉完全不同。而且又可携带，还可自己一个人独享，这实在是太有趣了，看来可做成商品。”1979年2月，手持这个改造品的盛田将相关人员召集到总公司的会议室。“这个产品，可满足一整天都喜欢听音乐的年轻人。而且可将音乐带出门。不需

◆经典的 WALKMAN25 年纪念标志

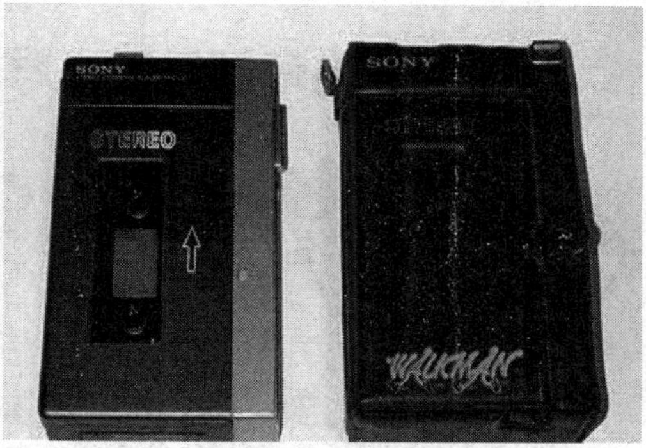

◆TPS—L2

有录音功能，只要做成附耳机的播放专用机种就足以畅销了。销售对象为年轻人，也就是学生以上者。我希望在暑假前将它上市。"盛田所说的这台机器，就是历史上第一台随身听——TPS—L2。

磁带随身听光辉历程之完善

索尼公司第一款磁带随身听做得很成功，第一次提出了 WALKMAN 的概念，引领了一个时代的时尚。当时刚推出就买得非常火爆。但是这第一款磁带随身听也有致命的缺陷，没有录音功能。这一点在推出之前就遭到很多质疑。终于，1981 年，索尼推出了第一款可录磁带随身听 TCS－310。随后磁带随身听迎来了多个第一，第一款最小、第一款最轻、第一款有降噪功能、第一款自动反带功能等等。磁带随身听在 20 世纪 80 年代到 90 年代得到了飞速发展，款式也是丰富多样。

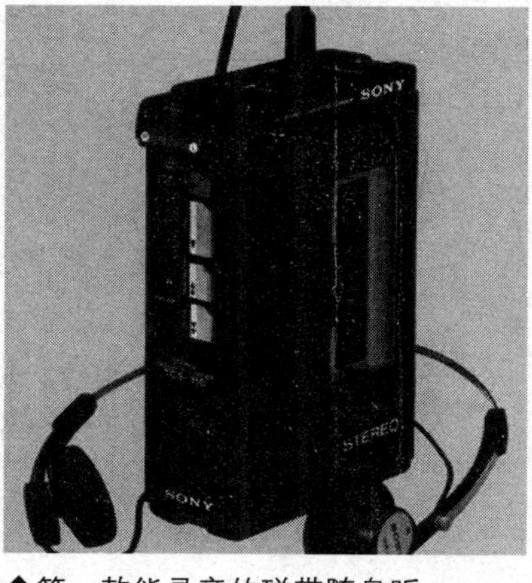

◆第一款能录音的磁带随身听

磁带随身听光辉历程之成熟

◆磁带随身听界的经典——WM－EX1

经过 20 世纪 80 年代的发展，到 90 年代初磁带随身听逐步走向了成熟，产品在各方面都有丰富的系列，功能上是更加完善。但是最根本的音质上始终没有大的突破，磁带随身听的发展走向了停滞阶段。

磁带随身听在关键技术上没有重大的突破，而随后 CD 随身听、MP3 等高音质随身数码产品的出现，磁带随身听更找不到优势可言，这样，渐渐退出了历史舞台，在随身听界留下了绚丽的一笔，也留下了一些经典。

拓展思考

1. 简单叙述一下磁带随身听的组成部分？
2. 磁带随身听历史上最著名的公司是哪个？
3. 你见过磁带随身听吗？简单看一下它是怎么工作的？
4. 从磁带随身听的历史中你体会到了什么？

随身听中的贵族——CD 随身听

◆华丽的外表

伴随着磁带随身听的发展，同时还有另一款随身听在悄悄成长，那就是 CD 随身听。但是，由于跟磁带随身听相比 CD 随身听高昂的价格，使 CD 随身听成为了随身听界的贵族，没有走向人民大众。它由于要采用激光技术、数码技术、计算机技术等，所以科技含量更高，而且能实现高密度、高保真的音乐播放。把磁带随身听比作下里巴人，CD 随身听就可谓阳春白雪，在音乐的不同层面上存在着，都有它辉煌的过去。

什么是 CD

◆CD 光盘

说起 CD 随身听，它跟磁带随身听还颇有些渊源，整个设计模式有异曲同工之妙。磁带随身听由磁带来存储信息，CD 随身听是用 CD 来存储信息。那什么是 CD？它就是我们常听到的光盘，英文全名是 COMPACT DISC，又称激光唱片。

其实 CD 在专业上是媒体格式的一个术语，我们最熟悉的是 CD 格式中的一种——声频 CD，它是一个用于存储声音信号轨道如音乐和歌的标准 CD 格式。现在 CD 的用途已经扩大到进行数据储存，目的是数据存档和传递。

CD经过多年的发展，光盘的产品已经多样化了，像CD－ROM、CD－R、CD－RW这些光盘的用途出现了很大差异。和以前传统数据储存的媒体如软盘和录音带相比，CD适于储存大数量的数据，它可以储存任何形式或组合的计算机文件、声频信号数据、照片映像文件，软件应用程序和视频数据。但是和现在高速发展的硬盘、优盘相比，劣势也很明显，所以CD作为存储介质现在已经很少用了。

> CD格式包括AudioCD、CD-ROM、CD-ROM XA、PhotoCD、CD-I和VidioCD等。AudioCD是我们最熟悉的。

小资料：区分CD－ROM、CD－R、CD－RW

◆CD－RW光盘

虽然CD－ROM、CD－R、CD－RW都是光盘，但它们的实质大不相同。CD－ROM最常见，后面三个字母表示read only memory，由此可见它不能写，只能读，一生产出来就已经有内容了。

CD－R的表面涂有反射层（绿、蓝或金色），刚生产出来时是无内容的，你可以发现在刻录之后，盘片的颜色会改变，此时资料已经存储进去了。但是这个刻录的过程是化学变化，刻了以后就不能改了。

CD－RW（Compact Disc－Rewritable，可重复刻录光盘）也有反射层（紫色），并可以多次使用，极限为1千次左右，虽然不能当硬盘，但用于备份也是不错的。

CD 随身听原理——小光盘里的奥妙

怎么把这薄薄的 CD 片转化成美妙的音乐？这是 CD 播放器的功劳，俗称 CD 机。我们所讨论的 CD 随身听就是便携式的 CD 机。一个小小的 CD 机中包含了激光技术、数码技术和计算机技术，能实现智能化高保真的立体声音效，可谓极大地推动了音乐的流行。

◆如镜的光盘面

我们先看看 CD 片的构造。明亮如镜的 CD 片是用极薄的铝质或金质膜加上聚氯乙烯塑料保护层制作而成的。CD 盘也能以二进制数据（由“0”和“1”组成）的形式存储信息。要在光盘上存数据，首先必须借助电脑将数据转换成二进制，然后用激光将数据模式灼刻在扁平的、具有反射能力的盘片上，激光在盘片上刻出的小坑代表“1”，非坑处代表“0”。用 CD 机播放音乐的时候，CD 机的激光器发射激光在光盘的表面上迅速移动。从光盘上读取数据的 CD 机会观察激光经过的每一个点，以确定它是否反射激光。如果它不反射激光（那里有一个小坑），那么 CD 机就知道它代表一个“1”。如果激光被反射回来，CD 机就知道这个点是一个“0”。然后，这些成千上万或者数以百万计的

◆光盘驱动器，俗称光驱

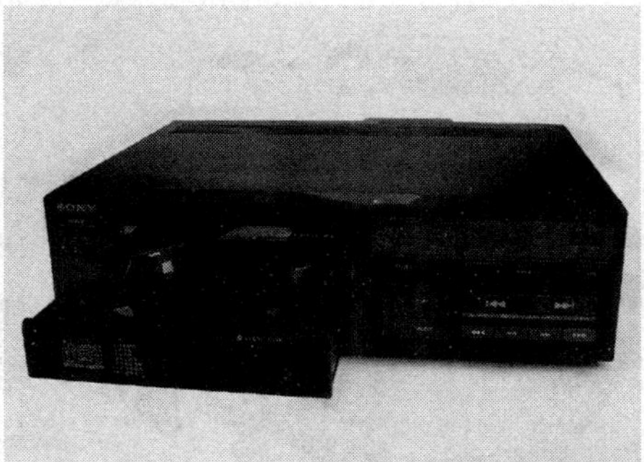

◆第一台 CD 机——CDP－101

“1”和“0”就这样被CD机恢复成音乐。我们电脑上所带的光盘驱动器，常称为光驱的工作原理也大致如此。

知 识 窗

激　光

激光是特殊的光，它最大的特点就是具有非常好的方向性。所以CD机中的激光能准确地认出小光盘上成千上万个极其微小的小坑，并能正确无误地把它们区分开。

CD随身听的前前后后

◆CD随身听（D—150）（注意，不是光驱）

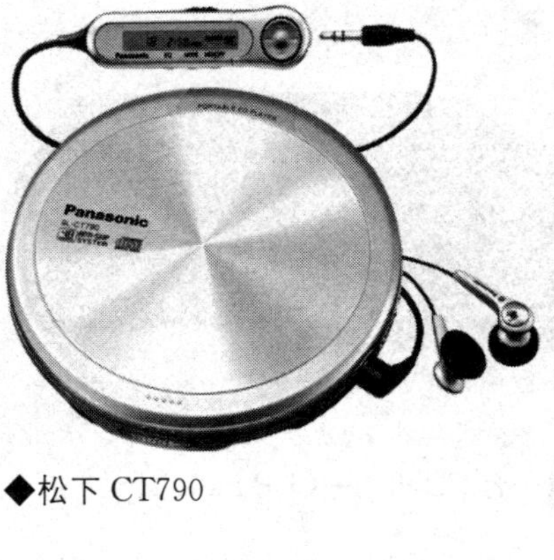

◆松下CT790

1982年，世界上第一台CD机，同时也是索尼生产的第一台CD播放器诞生了，它就是CDP—101，由于这台播放器是采用二进制编码来记录声音，所以型号中的“101”就取自二进制数字0、1的组合（二进制101用十进制表示是5），当时售价为900美元。

看着第一台CD机硕大的身躯，只能躺在家里享受立体声音乐了。当时索尼的磁带随身听已经推出，并获得巨大成功，当然，他们也希望神奇再次在CD机上上演。经过两年努力，终于在1984年推出世界上第一台CD随身听。以型号D—150为例，看看它的个头吧，简直就是一块砖头，厚度达2厘米，携带还不是很方便。

随后，几大公司开始重视CD随身听的技术研究，从便携、音质、电源等方面进行改进，终于在20世纪90年代

初将 CD 随身听推向全盛时期。

CD 随身听的外形也发生了很大的改变，从刚开始的砖块式到了后来的正圆形。由于其高昂的价格，当时并没有将磁带随身听挤出市场，出现了两者并存的状况。

成也电脑，败也电脑

CD 发明之初，并没有想到将来可用于电脑存储，因为当时连 286 电脑都还没有。由于 CD 是数字化的，渐渐和电脑联系起来了。CD 能够存储计算机各种的文件资源，可以作为存储设备来用。当然也可以存储计算机中的音频，这样在 CD 随身听支持的格式下，就能在 CD 随身听中播放。随着网络的发展，CD 音乐通过网络流传，极大地推动了 CD 随身听的发展。

◆支持 MP3 格式的 CD 随身听

后来，随着 MP3 的发展，MP3 音乐格式在网络上迅速发展。这种形势下，逼迫 CD 随身听增加了对 MP3 音乐格式的支持。但是，MP3 格式借助网络的发展开始蹿红，专门的 MP3 播放器也兴起了，这时，CD 随身听陷入了举步维艰的境地。更随着我们共同经历的互联网革命，彻底改变了 CD 随身听的命运。CD 唱片逐渐走向没落，CD 随身听渐渐走向历史舞台的边缘。更加便携的数字音乐播放器 MP3 占据了随身听世界的大部分领地。

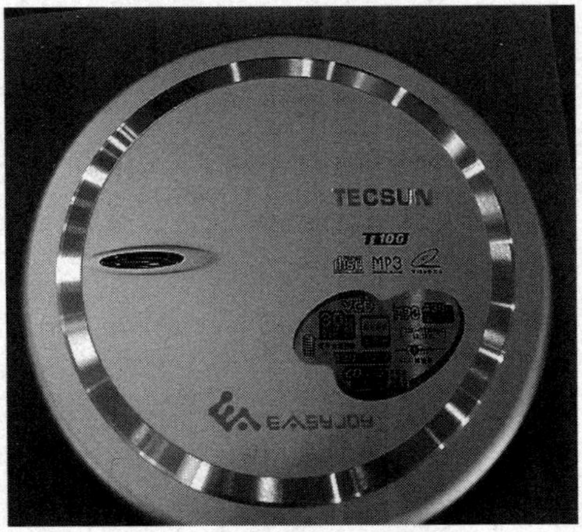

◆音质是 CD 随身听的最后救命稻草

拓展思考

1. 激光有什么独特的性质？
2. CD机相比磁带机有什么优势？
3. CD机是怎么从光盘中读出数据的？
4. 光盘对于电脑能干什么呢？你知道光盘启动吗？

随身听中的神奇小子——MP3

◆数字音乐的享受

经历了上一世纪的磁带随身听、CD随身听时代，虽然磁带机和CD机已经走到历史的边缘，或许不久就会淡出历史，但是随身听的概念却是深入了人心。在如今网络大爆炸时期，谁能顺应网络，谁就能流行。一种在网络中诞生的音乐格式——MP3伴随着CD随身听的没落发展起来了，诞生的MP3播放器更是小巧、秀气，可握于掌心。

你曾经拥有过MP3吗？这个小个子为什么有如此神奇功能呢？这一节，让我们走入MP3的世界探个究竟。

从MPEG说起

在这个MP3普及的时代，我们有多少人知道MP3的由来呢？很多人都认为MP3是一个音乐播放器，其实MP3既是一个播放器同时也是一种音乐格式。要想了解MP3的历史得先从MPEG开始。

MPEG（Moving Pictures Experts Group，运动图像专家组）

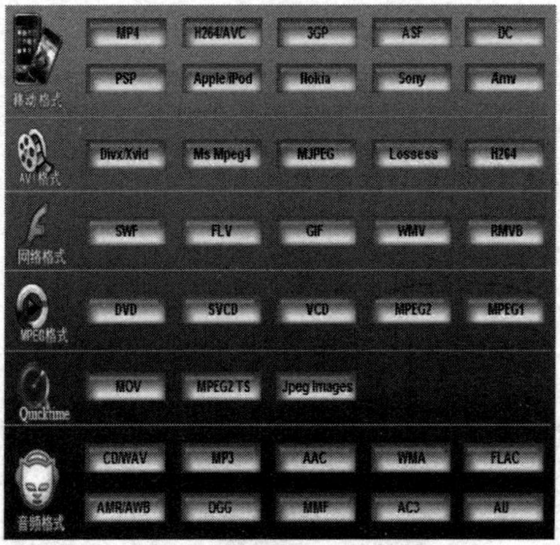

◆各种各样的文件格式

是在 ISO（国际标准化组织）和 IEC（国际电工委员会）内运作的一个工作组。专门负责为 CD 建立视频和音频标准，而成员都是视频、音频及系统领域的技术专家。他们制定出了 MPEG 格式，令视听传播方面进入了数字化时代。

MPEG 的缔造者们原打算开发四个版本：MPEG1 至 MPEG4，以适用于不同带宽和数字影像质量的要求。后来由于 MPEG3 被放弃，所以现存只有三个版本的 MPEG：MPEG－1，MPEG－2，MPEG－4。总体来说，MPEG 在三方面优于其他编解码方案。首先，由于在一开始它就是作为一个国际化的标准来研究制定，所以，MPEG 具有很好的兼容性。其次，MPEG 能够比其他算法提供更好的压缩比，最高可达 200∶1。更重要的是，MPEG 在提供高压缩比的同时，对数据的损失很小，实现了高保真。

小知识

高保真是指能完美再现原著声音或影像的设备和载体，通常没有失真，有一个精确的响应频率。

讲解——视频编解码

所谓视频编码就是指通过特定的压缩技术，将某个视频格式的文件转换成另一种视频格式文件的方式。MPEG 系列是最为重要的编解码标准。视频图像数据有极强的相关性，也就是说有大量的冗余信息。压缩技术就是将数据中的冗余信息去掉（去除数据之间的相关性）。

我们要打开不同的文件格式，不同的视频文件有不同的压缩方法，所以就需要对文件进行相应的解压，这就是视频解码的过程。

网络的产物——MP3

MPEG－1音频压缩标准是第一个高保真音频数据压缩标准，广泛地应用在VCD的制作和一些视频片段下载的网络应用方面。虽然说压缩都会带来音频的失真，但MPEG－1利用人耳听觉系统的感知特性，压缩率的取得来自去掉人耳听不到的信息细节，也即对人耳而言，MPEG－1音频压缩是不失真的。

◆第一台MP3

MP3指的便是MPEG－1中的第3层音频压缩模式，即MPEG－1 Layer－3，压缩模式将音乐文件以1∶10甚至1∶12的压缩率，压缩成容量较小的文件。正是因为MP3体积小，音质高的特点使得MP3几乎成为网上音乐的代名词。MP3音乐格式的出现，MP3音乐播放器诞生也是水到渠成的事情，终于在1998年，第一台MP3播放器诞生。

小故事——MP3的诞生

故事追溯到1997年3月的一天，韩国三星公司一位部门经理Moon先生，出差在美国回到汉城的飞机上，在他的笔记本电脑上看他的同事给他发出的一份报告。这是一份图像、文字和MP3音乐合成的简报。当Moon阅读完毕摘下耳机，发现他身旁的旅客正在听着随身听，Moon顿时受到启发：要是电脑上的MP3音乐文件也能够直接取出来，用一个独立的播放器来播放，那不就是最好的音乐随身听吗？回到韩国后，他将这个想法提给当时的总裁尹钟龙。可惜由于公司重整，无暇兼顾Moon的发展提案。半年后，亚洲金融风暴的发生使三星公司受到巨大的冲击，Moon先生也被迫提早退休。离开三星公司后，Moon先生

◆早期的 MP3

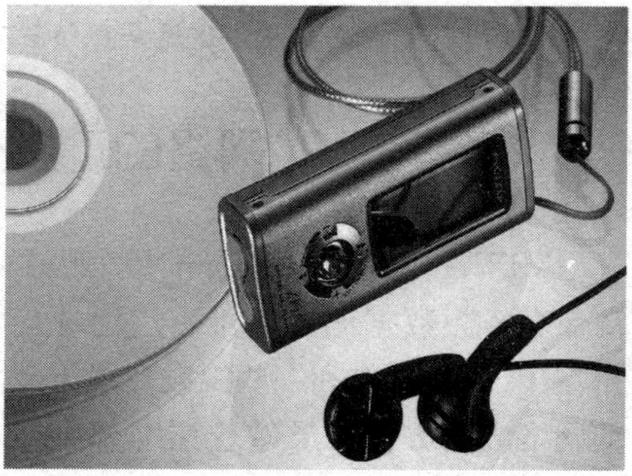
◆MP3 比光盘更轻便

进入了另一家韩国企业 Saehan（世韩）出任总裁，并将他的想法在 Saehan 公司转变成为了现实，于 1998 年推出了世界上第一台的 MP3 播放器——MPMan F10。

链 接

第一台 MP3——MPMan，取意于 MP3 与 WALKMAN 的结合，希望 MP3 能延续随身听的热潮，并期望成为新时期随身听的主流。

MP3 成为一种文化

MP3 播放器诞生的意义不仅在于可以方便地聆听 MP3 数字音乐，更在于它促使 MP3 走下网络而直接进入人们的生活。它或许将彻底改变我们欣赏音乐的方式，MP3 成为了一个时代的音乐文化。

MP3 播放器出现以后，MP3 作为一个最新的“音乐随身听”的概念便开始了自己快速的发展历程。MP3 发展过程中有几个里程碑式的产品出现，我们依次来感受它的发展之路。

跨入 21 世纪，MP3 的高速发展使人们不再满足于闪存那以 MB 为单位的容量。世界第一台 2.5 英寸硬盘 MP3 于 2000 年推出，使得 MP3 空间获得飞跃式提高。使 MP3 打破了依靠电脑获得资源的局限性。

◆轻巧的 MP3

◆彩屏 MP3

当 MP3 在容量、外观、音质上的发展无法再吸引更多眼球的时候，开始向多功能方向发展。正如在手机身上所发生的一切，人们对于 MP3 的要求，不再是单一的欣赏音乐，而是能像手机一样身兼多职。除了彩屏的加入，MP301 还支持电子书、图片浏览及游戏功能，而且在浏览电子书、图片或玩游戏的时候，还可同时收听 FM 播音或播放 MP3 音乐，让你的视、听同时感受愉悦！

知识窗

闪存（Flash Memory）是一种长寿命的非易失性（在断电情况下仍能保持所存储的数据信息）的存储器，可以读写。

拓展思考

1. MP3 相比 CD 随身听的优点有哪些？
2. MP3 从网上下载是免费的吗？
3. MP3 能够播放什么样的音乐格式？
4. 你了解的 MP3 有什么功能？

视听小魔方——MP4

从 20 世纪 80 年代开始，索尼创造出了“Walkman”这个词汇，将随身听的概念延续至今。从最初古老的磁带随身听到后来的“Discman”（CD Walkman）CD 唱片随身听，再到 MP3 这类存储数字格式音乐文件的随身听设备，便携式视听产品经历了三次巨大的变革。

◆能看电影的 MP4

从 MP3 的发展开始，人们就不满足于仅仅随身“听”了，有些 MP3 融入了简单观看视频文件的功能，丰富了随身听的概念。但是，真正带给我们随身视听享受的是 MP3 的升级产品——MP4。相信听过 MP3 的同学不少也听过 MP4，甚至就在享受它给你带来的视听震撼，那你知道它和 MP3 的重要区别在哪儿吗？是就比 MP3 屏幕大点那么简单么？

还从 MPEG 看 MP4

与 MP3 相似，同样 MP4 最初也是一种音频格式，MP4 是 MPEG－2 AAC，完完全全是一种音频压缩格式，增加了诸如对立体声的完美再现、多媒体控制、降噪等新特性，最重要的是，MP4 通过特殊的技术实现数码版权保护，这是 MP3 所无法比拟的。它的特点是音质更加完美而压缩比更大

(15∶1～20∶1)。它适用于从比特率为 8Kbps 单声道的电话语音音质到 160Kbps 多声道超高质量音频信号范围内的编码，并且允许对多媒体进行编码/解码，使得在音频压缩后仍能完美地再现 CD 的音质。

小知识

编码和解码

这里所讲的编码是将模拟信息转换为数字信号的过程，解码则指将数字信号还原为模拟信息的逆过程。

低调的 MP4

◆悄然出现的 MP4

MP4 的出现并不像 MP3 当年那样轰轰烈烈。随着 MPEG 标准的升级完善，MP4 悄然在市场上兴起。当 MP4 这几个字符越来越多地出现在数码视听领域时，让很多原先的 MP3 用户误认为它是 MP3 文件格式的升级。MP4 使用的是 MPEG－2 先进编码技术，特点是使音质更加完美且压缩比率更大，它可以充分地将各式各样的多媒体技术整合在一起。在视频方面 MP4 使用的压缩方式足以媲美 DVD 影片的视觉效果。MP4 这几个字符并不是特指音频文件，也不是标榜自己能够播放 MPEG－4 视频格式，这种让消费者看了认为 MP4 是 MP3 的后续产品的做法，很符合消费者的定势思维习惯，所以商家就助推 MP4 的说法并产生了 MP4 的产品。

知识窗

DVD

DVD是数字多功能光盘（Digital Versatile/Vedio Disc），一种光盘存储器，通常用来播放标准电视机清晰度的电影、高质量的音乐与作大容量数据存储用途，外形与CD很像。

悄然的过渡

◆爱可视发布的第一台真正的MP4

2002年法国公司爱可视发布了全球第一部硬盘MP4播放器，该播放器不仅有内部视频解码设备，还有一块当时看来是大屏幕的彩色高分辨率屏。并且还将硬盘作为机器的存储介质，相比MP3增加了看电影的基本功能，同时还支持音乐播放。这让播放音乐为主要功能的MP3处境相当尴尬，三星、创新等大的厂商纷纷推出自己MP4产品，数码视听领域主角的天平似乎开始由MP3向MP4倾斜了。随着MP4阵营的壮大，到2005年，MP4呈现出了蠢蠢欲动、蓄势待发的架势，看来业界从MP3这种功能较为单一的音乐播放器，过渡到MP4这种多功能整合的数码设备几乎已成定局，这一切都在静悄悄地、井井有条地进行着。

飞速的发展

经过初期的发展，MP4播放器无论技术性能，还是市场环境都渐渐趋于成熟。特别是2008年，随着技术的逐步成熟，MP4的成本得到了很好的控制，市场亲和力提升以后，MP4的发展进入了普及的初级阶段。总的

◆触摸屏 MP4

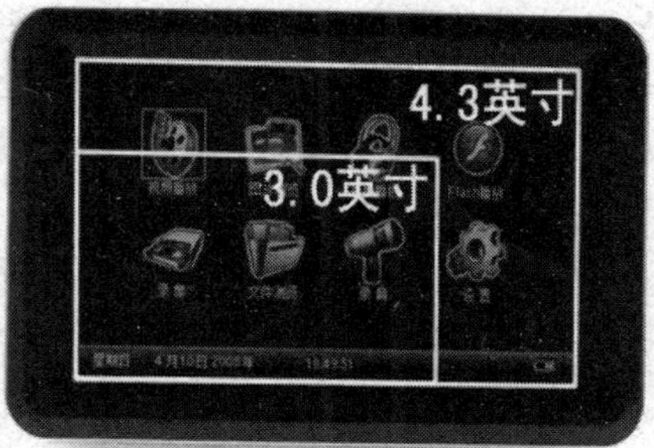

◆4.3 英寸的大屏幕

来说，大的 MP4 环境终于有模有样了。

时至今日，很多 MP4 播放器也在寻求更人性化的功能，例如 WIFI 上网、VoIP 电话、电子书、电子辞典、蓝牙等更多的时尚功能。MP4 播放器支持的视频、音频和图像越来越丰富，特别在视频上，对于视频格式的支持已经比较全面，如最常见的 RMVB 格式的播放技术已经得到应用。MP4 的资源大大丰富，为消费者带来了更多选择。目前一般主流 MP4 播放器都拥有足够大的内存，足够强大的扩展能力，使越来越多的人爱上了这么一种飞速发展的随身音视频播放器。

点击——大话随身视听界

从 MP4 迅猛的发展态势来看，似乎 MP3 就是死路一条了，面对如此纷繁复杂的视听产品，你的选择到底是什么呢？

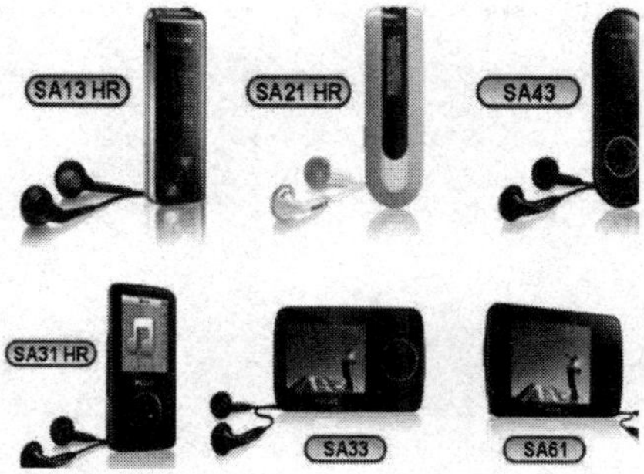

◆MP3 与 MP4

时尚不是盲目的求新，我们要冷静地去对待 MP3 和 MP4 的市场现状。MP3 时代能够播放视频功能的产品无疑是要被 MP4 取代的，但对于要求不高只要能听就行的用户群来说，MP4 对传统的 MP3 播放器仍然没有构成本质的威胁，况且低端市场需要这样的产品支撑，为什么呢？首先是用户的消费目的不同、数码生活的质量不同，导致了部分用户并不屑于

MP4 这类便携的、可随时随地欣赏影像的产品。对于喜爱欣赏大片的消费者来说，“掌中宝”式的播放机显然不如自家的家庭影院来得过瘾，充其量只是一个旅途出差中解乏、消磨时间的工具而已，况且用这样的设备来欣赏好莱坞大片效果简直有点惨不忍睹。

面对新的视听产品，首先我们要知道我们自己要的是什么，明确了自己的需求，我们才不会在浩瀚的视听世界里迷失方向。

拓展思考

1. 你接触过 MP4 吗？说说你喜欢它的什么功能？
2. 相比 MP3，MP4 最大的卖点是什么？
3. 你有没有想过，为什么没有 MP1、MP2？还会有 MP5、MP6 吗？
4. 你知道的视频格式都有哪些？

是技术还是忽悠？——MP5

听音乐有专门的 MP3，看视频有专门的 MP4 视频播放器，随身视听界还需要什么？MP5 是什么玩意儿？

2007 年，在从不缺少"概念炒作"的 IT 市场，一个与一款冲锋枪名称相同的便携式多媒体播放器——MP5 诞生了。在 MP3 与 MP4 正征战得不可开交的时候，突然又杀出个不速之客，它到底有什么神奇之处？是视听市场上商家的忽悠，还是技术上的革新？

◆号称 MP5

稀里糊涂的降生

由于标准的不统一，刚刚起步阶段的 MP4 虽然经历了长达几年的发展，但各个不同品牌的 MP4 产品所支持的格式也是不相同的，尤其是在视频方面，因为考虑到格式的压缩问题，大部分从网络上下载后的视频文件需要经过繁杂的格式转换才能实现视频的收看。MP3 这个时期受到 MP4 的冲击，它的劣势凸显，再加上 MP3 深陷侵犯知识产权漩涡，可以说当时的视听市场是一片混乱。

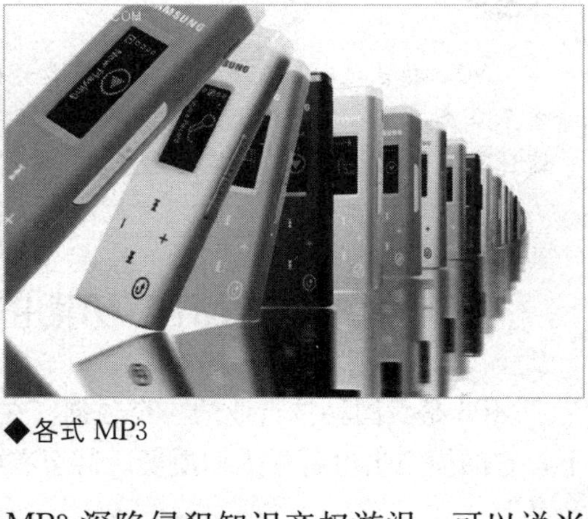

◆各式 MP3

◆多彩的 MP4

当时我国的视听市场也是百花齐放、百家争鸣。在利润的驱使下，众多厂商投入到随身视听产品大战中去，数码市场上，充斥着各种各样品牌的 MP3 和 MP4 产品。由于当时我国也没有制定 MP4 的行业标准，各大厂家各自为政，市场只能在混乱中发展。在这种无比混乱的情况之下，数码领域的知名品牌爱国者高调喊出了 MP5 的声音，推出自己的 MP5 产品。“MP5”这一连业界人士都从未弄明白的概念，却成为厂家的销售卖点。

在枪械界，MP5和AK-47一样，是历史上世界著名的冲锋枪，原产地前者是德国，后者是俄罗斯。

开心驿站

MP5 推出之初，流行这么一个经典笑话：“‘老板，有 MP5 吗?’老板嘘了一声，拉着我穿过大厅到后面的仓库，‘我有个亲戚，在海关……不过这种货不好搞，AK—47 其实更好用一些。’”

MP5 初期的定位

MP5 是我国科技行业的一个独创，在那数码视听市场一片混乱的形势下，它的横空出世备受人们质疑。甚至有些专家指出，MP5 只是款“忽悠产品”。

人们的质疑也是有据可依的。在 MP5 产品推出时，连很多厂商都无

法给MP5一个具体的定义。在没有形成一个统一标准的情况下，MP5的产品只能是五花八门，杂乱无章。

◆MP5追求大屏

刚开始MP5的大致的定位是针对当时MP4产品的一大缺陷，MP4无法播放占据网络视频资源80%的RM和RMVB视频格式，必须通过复杂的格式转换才能观看。MP5打破格式的限制，能够广泛地支持网络视频资源的视频格式。这一卖点，着实吸引了不少眼球。

小资料：网络视频格式——RM、RMVB、AVI

RM格式是指RealNetworks公司所制定的音频视频压缩规范，是RealMedia的简称。它可以根据不同的网络传输速率制定出不同的压缩比率，从而实现在低速率的网络上进行影像数据实时传送和播放，是视频流技术的创造者，成为了现在网络视频格式的主流。它有个最大的特点就是可以实现边下载边播放，特别适合在线观看影视。

◆有Real Player播放器的MP5

RMVB比RM多了VB，VB是指可改变比特率（Variable Bit Rate），是RM的下一代格式。RMVB则打破了原先RM格式那种平均压缩采样的方式，在保证平均压缩比的基础上，将较高的采样率用于复杂的动态画面，而在静态画面中则灵活地转为较低的采样率，合理地利用了比特率资源，使RMVB在牺牲少部分你察觉不到的影片质量情况下最大限度地压缩了影片的大小。所以一般比RM格式清晰度要高。

AVI——Audio Video Interleaved，即音频视频交叉存取格式。它是将运动图像和伴音数据以交织的方式存储，一般采用DviX5以及Xvid的MPEG4编码器压制，视频的画质和体积都得到了很好的控制。举个例子，一部高品质的DVD电影的容量一般为4G～5GB，但经过AVI格式压缩大小只有650M～700MB，清晰度却几乎没有损失。

比特率表示经过压缩后的音、视频数据每秒钟需要用多少个比特来表示，而比特就是二进制里面最小的单位，要么是0，要么是1。

MP5概念的发展

◆MP5看数字电视

MP5在发展过程中兼顾了MP4的所有功能，并逐步添加上自己的一些功能特点如数字电视、GPS等。

刚开始在视频格式兼容上获得卖点。但是后来随着MP4也能对多种视频格式兼容，MP5也在丰富自己的概念，又有了新的发展方向。它将数字电视的功能融入进去，还将GPS这一时尚功能作为一个新亮点加入其中，确实让MP5的功能更加强大了。

知识窗

GPS

GPS是英文Global Positioning System（全球定位系统）的简称，是20世纪70年代由美国陆海空三军联合研制的新一代空间卫星导航定位系统，能够提供全球的纬度、经度和高度的信息，可实现全球精确定位。

MP5 该何去何从

◆MP5 看高清图片

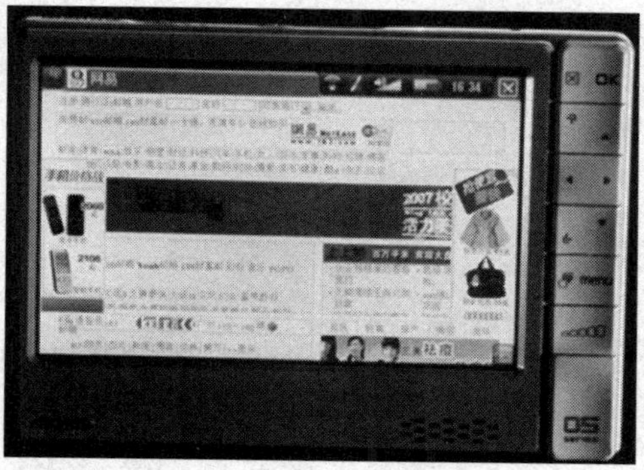

◆MP5 之无线上网

MP5 从刚一诞生就受到各方面的质疑，它像一个横空出世的野孩子，缺少管教，任其发展。所以，刚开始 MP5 市场非常混乱，没有找准明确的定位。特别是手机功能越来越强大，集成的功能越来越多，支持 MP3、视频播放、拍照、无线上网等功能的手机随处可见，更是给 MP5 带来巨大的冲击。如果 MP5 不找准自己的市场定位，很可能成为随身视听界的鸡肋，食之无味，弃之可惜。

幸运的是随着市场的发展，MP5 受到国家的重视，信息产业部逐渐制定了 MP5 的行业标准，让 MP5 在随身视听界找到了家的感觉。MP5 的发展有了方向，它的前景越发光明起来。但是，处在现在数码产品发展日新月异的当今社会，它还必须拿出真本事来吸引用户，才能在众多的数码产品中杀出一条血路，站稳自己的脚步。

随着网络时代的发展，MP5 支持主流的网络视频格式，随着视频格式不断更新升级，MP5 要跟得上时代才行。随着人们观看品质要求的提高，高清电影已经相当普及，MP5 也逐渐增加了对高清的支持。功能上的集成化是现代数码产品的发展趋势，现在的 MP5 在原有功能的基础上，集成了 GPS、WIFI 无线上网、图片浏览、文档查看编辑等多种功能，与网络的结合使它又焕发出了活力，我们期待 MP5 能有更美好的未来。

拓展思考

1. MP5 相比于 MP3、MP4 在功能上有什么区别?
2. MP5 是指哪种视频格式吗?
3. 列举出现在的 MP5 都有什么功能?
4. 你认为 MP5 在当今丰富的数码世界里能走多远?

电子无处不在

——电子化的生活

你每天收看电视关注国家大事吗？你学习外语的时候遇到不懂的单词是求助电子词典还是翻书？你是否喜欢外出旅行带上数码相机，把你美好的记忆永久保存？学习之余你玩过什么样的游戏机？你留意过厨房中的电子产品吗？

这些，都是电子产品给我们生活带来的美好，你是否有足够的好奇心，想去了解这些电子产品的坎坷历史吗？你想了解它们的工作原理吗？想知道未来它们会是什么样子吗？这一篇，我们就来认识几个我们最熟悉的电子朋友。

小窗口大世界——电视机

相信我们都不会对电视机陌生，每天放学，或许你会加快脚步，因为你喜欢的动画片或者电视剧马上就要开始了。

◆小电视看大世界

电视是20世纪最伟大的发明之一，它的出现，极大地丰富了世界范围内的沟通与交流。通过这小小的窗口，我们足不出户，就能知道地球的另一面在发生什么事情；我们能够从中学到很多我们不知道的生活知识；我们能欣赏到丰富多彩的电视剧。这一切，都是电视的功劳。

电视的发明

◆早期电视机是这样的

电视的发明是一大群不同历史时期、不同国度的人们共同努力的结果。在电话发明之后，人类远距离传送语音的梦想得以实现。人类的脚步在前进，又产生了新的梦想——远距离传送图像。在19世纪末，就有了少数的先驱们开始图像传送技术的研究。

1904年，英国人贝尔威尔和德国人柯隆发明了一次传送一张照片的电视技术，每传一张照片需要10分钟。1924年，英国和德国科学家几乎同时运用机械扫描方式成功地传出了静止图像。1923年，俄裔美国科学家兹沃里金首次采用全面性的“电子电视”发收系统，成为现代电视技术的先驱。1925年，英国科学家成功研制出电视机，至此，第一台真正意义上的电视机终于诞生了。

图像怎么传送与重现

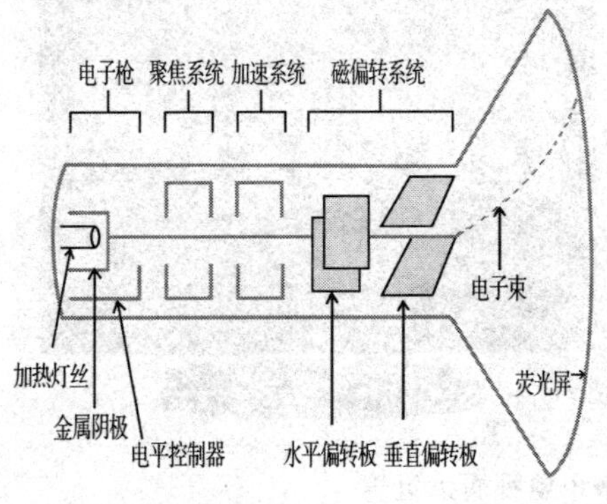

◆电视显示原理

我们看到的电视画面看似动态连续的，其实，它是由一幅幅连续的静态图片组成的。只是图片更新的速度比较快，一般每秒连续显示25幅图片。利用我们人眼的视觉残留效应，一张张的图片就变成了动态的画面了。电视信号是从摄像机中采集进来，经过电台发射，最后我们用电视机接收电视信号实现传送图像的。那摄像机怎么将图像转化为电信号的呢？我们的电视机又是怎么从电信号还原出图像的呢？

原来摄像机是先将要发送的图像通过摄像投影到一个对光敏感的平面上，平面各点的光电子的激发或光电导的变化情况随光图像各点的亮度而异。当用电子束对靶面扫描时，即产生一个幅度正比于各点景物光像亮度的电信号。我们将这个电信号平面像一张纸那样从上到下依次画出很多行，在每一行固定地取多个点，这样一个画面就变成了一连串的电信号。我们把这一个画面叫一帧。

各国的电视扫描制式不尽相同，在我国是每秒25帧，每帧625行。每行从左到右扫描，每帧按隔行从上到下分奇数行、偶数行两场扫完。

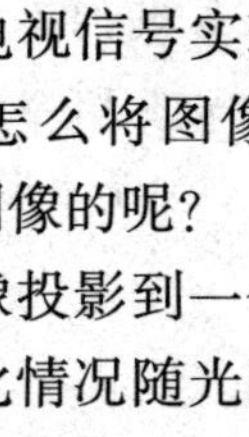

这一帧帧的电视信号到了电视机，电视机显像管就根据输入信号的强弱，发送电子束到屏幕，对屏幕按照发送的信号同样进行一行一行的扫描，扫描完一张回来扫描第二张。这样，一帧一帧的图片就在电视机屏幕上显示出来了。如果发送和接收实现同步，就实现了我们通常所说的电视直播。

科技链接

人眼在观察景物时，光信号传入大脑神经，需经过一段短暂的时间，光的作用结束后，视觉形象并不立即消失，这种残留的视觉称“后像”，视觉的这一现象则被称为“视觉残留”。

电视机大发展

第一台电视机发明以后，1928年，美国纽约31家广播电台进行了世界上第一次电视广播试验，虽然整个试验只持续了30分钟，收看的电视机也只有十多台，但是这宣告了作为社会公共事业的电视艺术的问世，是电视发展史上划时代的事件。

◆我国第一台电视机

1929年美国科学家伊夫斯在纽约和华盛顿之间播送50行的彩色电视图像，发明了彩色电视机。1933年兹沃里金又研制成功可供电视摄像用的摄像管和显像管。完成了使电视摄像与显像完全电子化的过程，至此，现代电视系统基本成型。今天电视摄影机和电视接收的成像原理与器具，就是根据他的发明改进而来。

◆现代液晶电视机

随着电子技术的发展，电视机也经历了不同的阶段，由早期的电子管电视机到后来的晶体管电视机，1966年又出现集成电路电视机。1973年，数字技术的引入，电视机实现历史性的飞跃，电视机跨入了数字时代。电视机的趋势是屏幕越来越大，也打破了显像管显示技术的瓶颈，出现了现代的液晶电视、背投电视、等离子电视等。

知识窗

三基色原理

人眼对红、绿、蓝色光最为敏感，人的眼睛就像一个三色接收器的体系，大多数的颜色可以通过红、绿、蓝三色按照不同的比例合成产生。同样绝大多数单色光也可以分解成红绿蓝三种色光。这是色度学的最基本原理，即三基色原理。

现代电视机大观

◆老式 CRT 电视机

现在，传统的 CRT 电视机慢慢淡出市场，液晶电视机和等离子电视机正迅速成为消费者所青睐的对象。电视机信号也从传统的模拟向数字转化。从电视节目制作到信号传输，再到信号接收实现全面的数字化是现代电视的发展趋势。让我们来认识一下种类丰富的现代电视机吧。

CRT 显像管电视也融入了现代电视的气息，实现数字高清，它的亮度、对比度都很高，可视角度大、反应速度快，色彩还原也很好。但是由于显像管的限制，最大只能做到 34 英寸，另外个头也太大，限制了它的发展。

电视机尺寸是以电视机屏幕对角线的长度量度，单位通常是英寸。1 英寸=2.54厘米。

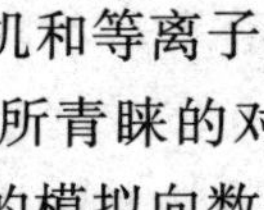

平板电视机主要是薄，可以像相框一样挂在墙上。而且它的显示器可以做得很大，给你一种更震撼的视觉

◆22 英寸高清平板液晶电视机

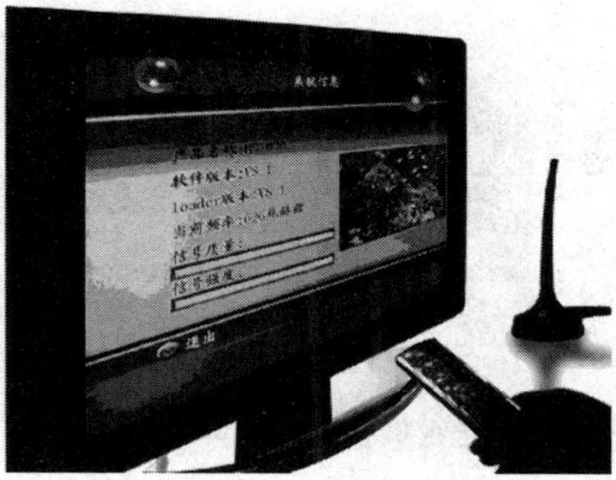

◆数字电视机

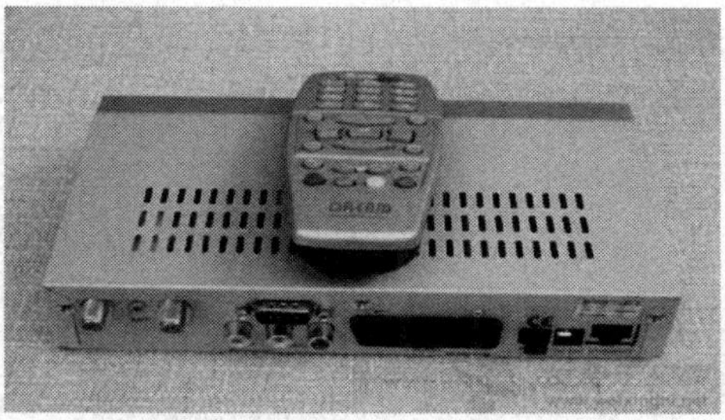

◆数字电视机顶盒

效果。但是它的可视角度、反应速度受到一定的限制，而且价格也极高，要完全代替传统电视机还有待时日。

数字电视更是现在的热门话题，能够直接接收并处理外来数字电视信号的电视机称为数字电视机。现在有卫星数字电视、有线数字电视、地面数字电视三种不同的数字电视信号传输方式共同发展。像目前北京、上海公交车上的移动电视就是地面数字电视机的一种。数字电视发展过程中，为了使家庭中已有的模拟电视继续发挥作用，可以利用“数字电视机顶盒”完成数字电视信号到模拟电视信号的转换，这样原有的电视机就能实现数字电视信号的接收了。机顶盒是从模拟电视向数字电视转换的中间产品，为现代电视数字化的普及立下了汗马功劳。

知识库——等离子电视机

等离子英文缩写是 PDP，全称为 Plasma Display Panel。1964 年 7 月，美国伊利诺伊州立大学的科学家们首次提出等离子体显示的概念。

等离子体显示是一种利用惰性气体电离放电发光的显示装置。等离子体显示

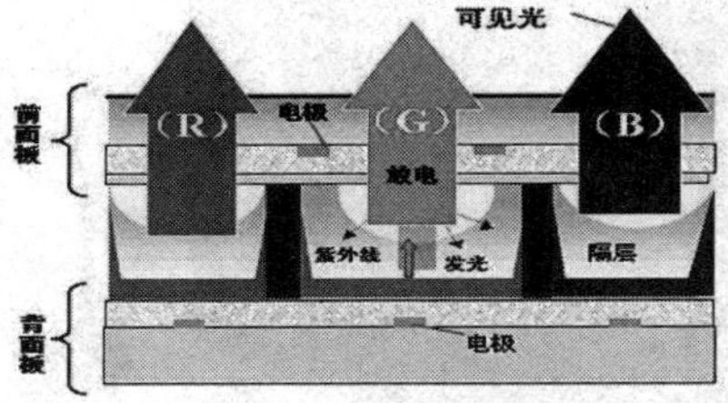

◆等离子电视机原理

◆等离子电视机

是一种矩阵模式显示设备，面板由一个个规则排列的像素单元构成，每个像素单元对应一个内部充有氖、氙混合惰性气体的等离子管密封小室。当向等离子管电极间加上高压后，小室中的气体就会发生等离子体放电现象并产生紫外光，进而激发前面板内表面涂有的红、绿、蓝三基色荧光粉发出相应颜色的可见光来形成图像。

未来的电视机

◆电视也可以这样看

◆超大尺寸电视机

现代科技的发展速度超乎想象，未来电视机会是什么样的呢？这个话题不但充满挑战，更带有一丝神秘。人们对生活品质的追求是没有止境的，未来电视肯定会满足各类人士的不同需求：可能是智能的、便携的、超大的……想象是无穷无尽的，什么样的要求也不显过分。

在可预见的未来几年里，电视机将继续向着超大化、便携化、轻薄化、节能环保化等几个方向发展。电视节目也不像现在被动式的，电视台

放什么节目，我们被动地接受，节目的收看可能会更人性化，变被动接收为主动点播。

◆立体电视机

基于网络的发展，现在名为 IPTV 的网络电视也正在兴起，你能想象未来电视和网络联系在一块儿能产生什么样的效果吗？想象一下，我们能够通过电视机跟朋友面对面交流，那是什么情景啊！让我们一同期待电视机美好的未来吧。

拓展思考

1. 你家里第一台电视机是什么时候买的？

2. 有线电视是什么意思？和普通的通过天线接收到的电视节目有什么区别？

3. 畅想你心中的未来电视机是什么样的？

学习的好帮手——电子词典

◆电子词典

也不知道是哪位高人第一次想到将我们“厚砖块”似的大辞典电子化，于是便有了我们现在的电子词典。

一个小小的电子词典，可握于手中，可揣进衣兜，却能将世界著名的各大英语词典全部纳入其中，甚至每个单词还有真人发音，真是不可谓不神奇。当你用电子词典查询一个单词的时候，不用在一本厚厚的词典中翻来翻去地找，只要手指轻轻摁几下，它的意思就全面地呈现在你的眼前，而且还有各个词典里面的不同解释，可谓是方便至极。

你用过电子词典吗？它除了能帮你查找单词，还能帮你干什么呢？让我们全面探究电子词典的神秘之处。

“板砖”的替代品

电子词典是一种将传统的印刷词典转成数码方式，能够进行快速查询的数字学习工具。刚开始出现的电子词典就是我们传统印刷的“砖块”式词典的代替品，电子世界的产品，总是能够给人以方便。电子词典相比印刷词典小巧多了，给我们一个界面，要查询什么单词，轻轻一摁，完整的单词意思就呈现出来了。

后来，随着电子词典的发展，更多的功能被引入，不但能查询单词，

◆电子词典

◆电子词典多样的功能

还能发音，还同时配有学习英语的对话、文章，丰富了它的内容。电子词典以轻便易携、查询快捷、功能丰富等特点，成为21世纪我们学生学习生活、社会人士移动办公的掌上利器。

量身定制的词典

发展到现在，电子词典主要有五大板块功能，分别为：词典查询学习功能、电子记事功能、计算功能、参考资料功能以及数据传输功能。

目前市场上的电子词典的类型丰富多样，内置的辞典有学习词典如英汉、雅思、托福等，也有专业词典如计算机、医药等。更有甚者一个电子词典涵盖很多级别的单词，你可以根据自己的实际情况去选择，如从初中到高中各个年级，再到大学四级、六级各个等级随意选择，这是为学生学习英语量身定制的学习词典。

知识窗

雅思与托福

它们都是国际英语水平测试。是为非英语国家的学生留学、移民申请英语国家设定的英语水平考试，来评定考生运用英语的能力。雅思总分9分。托福一般面对北美、北欧国家，新托福总分120分。

电子词典能装多少单词

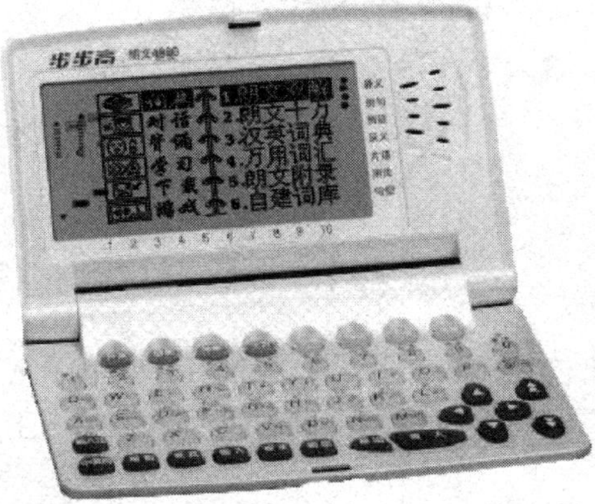

◆多种词典选择

包含那么多不同级别的词典，对电子词典来说，并不是轻而易举的事情。当词汇量超过6万至8万后，一般的纸介词典就不能完全囊括了，我们就要对各种各样的词典进行搜集整理，然后是大量的录入和校对工作，这些，都只能人工来完成，这可是相当庞大的工作量。

这么多单词存放是需要空间的，词汇量的增加要求电子词典有更大的内存。一般情况下，电子词典的词汇量有十几万。

发音是怎么实现的

◆支持发音的电子词典

我们查找的单词，电子词典为什么能读出来呢？其实，道理也很简单。现在主要的发音方式有两种，一种就是直接录制真人发音，然后再播放出来；一种是软件处理发音。

真人发音指语音库为真人录制的。影响真人发音效果的因素有被录音者的发音水平和录制设备的先进程度。软件处理发音专业名词为TTS，英文全称Text to Speech。TTS是指利用电子词典的处理器将任意组合的文本文件转化为声音文件。影响TTS发音效果的因素取决于合成技术人员业务技能与合成设备的先进程度。

全新的功能

◆漂亮的外观

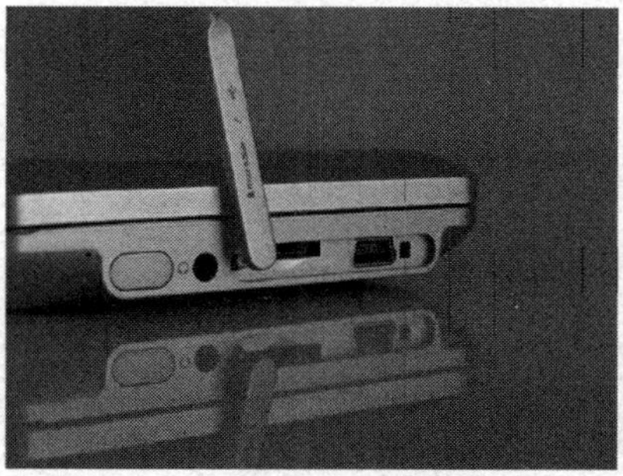

◆带有 SD 卡和 USB 接口的电子词典

现在的电子词典早已抛弃刚开始那古板的外形、单调的屏幕，外观越来越漂亮，屏幕更是随着技术的发展由黑白到彩屏，再到触摸屏。功能上早已超越了刚开始时印刷词典的代替品，面貌焕然一新。

◆支持多媒体的电子词典

电子词典的内存有了新的扩充方式，添加了通用内存卡的插孔，随着内存空间越来越大，为电子词典与网络完成对接铺平了道路。

电子词典不但能查询单词，还添加了一些帮助英语学习的快速有效的记忆方法，如遵循艾宾浩斯记忆方式帮助你记忆单词。还融入了同步学习、名师视频课堂、动漫课件等丰富的学习方式，使英语学习不再枯燥。

现代日益发展的多媒体技术，也被电子词典所包容。MP3、MP4 等音乐视频播放渐渐成为了电子词典功能的一部分，多年以前我们还为电子词典上能玩黑白色的俄罗斯方块感到兴奋，而现在的学生们则可以在使用电子词典学习之余，用它来听音乐、看视频，品味生活。

现在，很多电子产品像手机等都引入了电子词典的功能，虽然功能也许没专门的电子词典那么全，但是查一些简单的词语不在话下。这对电子

词典带来一定的冲击，迫使电子词典以查询单词为主的功能也不断更新，支持网上下载最新资料，附加MP3或MP4功能，支持无线红外传输等等，逐渐在向数码类的电子产品靠拢。

拓展思考

1. 电子词典主要功能是什么？

2. 轻轻地一摁，电子词典就能在数以万计的单词中找到你查的单词，你认为它是怎么实现的呢？

3. 简单描述电子词典给你学习英语上带来的帮助有哪些？

旅行好伴侣——数码相机

◆漂亮的数码相机

1839年，法国物理学家达盖尔发明了全世界第一台照相机，至今，它已经经历了将近200年的风风雨雨。在这近200年里，照相机走过了从黑白到彩色，从纯光学、机械结构演变为光学、机械、电子三位一体，从传统银盐胶片发展到今天的以数字存储器作为记录媒介。

笑看浮云遮望眼，瞬间沧海变桑田。数码相机的出现正式标志着相机产业向数字化新纪元的跨越式发展，人们的影像生活也由此得到了彻底改变。照相机已从照相馆里走进了千家万户，成为人们旅行的好伙伴，让我们照相于随时随地，将瞬间的美好留作永恒的记忆。

数码相机零距离

◆家用数码相机

数码相机，又名数字式相机（英文全称：Digital Camera 简称 DC）。是一种利用电子传感器把光学影像转换成电子数据的照相机。

与普通照相机在胶卷上靠溴化银的化学变化来记录图像的原理不同，数码相机是集光学、机械、电子于一体的产品。它集成了影像信息的转换、存储和传输等部件，适应现代数

谈电子世界

字化时代的发展，具有与电脑交互处理和实时拍摄等特点。光线通过镜头组进入相机，由成像元件转化为数字信号，数字信号通过影像运算芯片储存在存储设备中。

◆数码照片

相比于普通的老式照相机，数码相机可谓神通广大。用数码相机拍照之后可以立即看到图片，感觉不满意可以轻松删除再重拍，减少了遗憾的发生。数码相机再也不用考虑胶卷的好坏了，更不用为节省胶卷小心翼翼地数着胶片数拍，只要你的空间够大，想拍多少就拍多少，让我们在美妙的旅途中拍得轻松、拍得过瘾。

◆以前相机需要用胶卷

第一台数码相机有多大

最早的数码相机可不像现在这样，随便就能挂在脖子上或者干脆揣在牛仔裤兜里。那时候的数码相机拥有的除了一个庞大的机身，更庞大的是机身后面的那个单独的数字存储单元。也就是说，数码相机存储单元的缩小很大程度上解决了相机体积庞大问题。从庞大的存储单元到轻薄小巧的CF卡，一路是怎么发展过来的呢?

1975年，世界公认的第一部数码相机在柯达诞生。当时叫“手持电子照相机”，它的存储方式是用通用的卡式录音磁带。看它庞大的个头，笨拙的身躯，估计很少有人背着它到处照相留念。

◆“马维卡”数码相机的个头

◆“马维卡”近影

如果说1975年的“手持电子照相机”与现在的数码很难联系上，那么1981年索尼公司推出的“马维卡”，就是当今数码相机的雏形。它是全球第一台不用感光胶片的电子相机，该相机的分辨率仅为570像素×490像素，但却是首次将光信号改为了电子信号传输和存储。

知识窗

分辨率与像素

照片分辨率（resolution）就是图像的精密度，像素指照片包含的点数的多少。分辨率的表示方式就是所有经线和纬线相乘，相乘结果就是像素的多少。

迅速的崛起

许多生命突然出现在寒武纪，整个地球仿佛一夜间就变得多姿多彩，充满生命气息。20世纪80年代无异于数码相机产业的寒武纪，在不足十年的时光里，数码相机快速脱离了襁褓并逐渐学会了蹒跚迈步。但当时的分辨率依然十分低，直到1988年，才由佳能公司推出了60万像素的数码相机。

◆早期 60 万像素的佳能数码相机

◆现代数码相机

当数码相机存储介质发生改变时，数码相机的体格迅速地变小。1996 年，柯达第一次使用 CF 卡作为存储介质，后来又发展到硬盘存储，再到后来的 SD 卡，存储介质越来越小，可存储空间却是越来越大。

◆第一款使用 CF 卡的数码相机

像素在数码相机发展过程中也是日新月异，从刚开始“追求高像素”发展到现在，像素已经不是问题，千万以上像素的数码相机比比皆是。随着价格降低，技术提高，数码相机终于从高高的神殿上走入普通百姓生活中。进入 21 世纪后，数码相机的发展越来越快，人们也通过数码相机越来越深刻地感受到数码影像的迷人之处。

小资料——CF 与 SD

CF 卡（Compact Flash）是 1994 年由 SanDisk 最先推出，是一种稳定的存储解决方案，不需要电池来维持其中存储的数据。对所保存的数据来说，CF 卡比传统的磁盘驱动器安全性和保护性都更高。但是它容量有限，随着数码相机像素的提高，渐渐赶不上数码相机的发展了。体积也比 SD 卡大，现在很多数码相

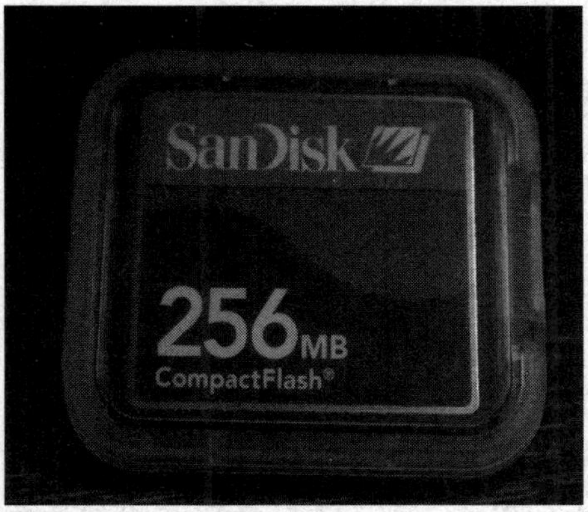

◆CF卡

◆SD卡

机已经改用更小巧的SD卡了。

SD卡（Secure Digital Memory Card）是一种基于半导体快闪存储器的新一代存储设备。它一般重量只有2克，但却拥有高存储容量、快速数据传输率、极大的移动灵活性以及很好的安全性。

数码单反相机与卡片相机

◆数码单反相机

单反相机是使用单镜头反光新技术的数码相机。该技术就是在相机中的毛玻璃的上方安装了一个五棱镜，并且以45°角安放在胶片平面的前面，这种棱镜将实像光线多次反射改变光路，将影像送至目镜，使观景窗中所看到的影像和胶片上永远一样，也使取景范围和实际拍摄范围基本上一致。

数码单反相机的定位是专业机，即使面对普通用户和发烧友的普及型产品也拥有大量的过人之处。单反数码相机的一个很大的特点就是可以更换不同规格的镜头，这是单反相机天生的优点，是普通数码相机不能比拟的。用户可以根据自己的需要选择配套镜头，大大提高了拍摄照片的质量。

卡片数码相机是指那些外形小巧的、机身相对较轻的机身以及超薄时尚的数码相机。它可以不累赘地被随身携带，可以被塞在口袋或者挂在脖子上。虽然它们功能并不强大，但是至少你对画面的曝光可以有基本控制，再配合色彩、清晰度、对比度等选项，很多漂亮的照片也可以来自这些被“高手”们看不上的小卡片机。

◆漂亮的卡片数码相机

如果说数码单反相机是数码相机中的贵族，那么卡片数码相机就是数码相机界的平民。平民的才是最普及的，它时尚的外观、大屏幕液晶屏、小巧纤薄的机身，操作也便捷，是我们普通的用户最佳的选择。它的缺点也很明显，手动功能相对薄弱、超大的液晶显示屏耗电量较大、镜头性能较差等。

链 接

发烧友，英文名词：fancy，指对某种事物具有狂热爱好的一类人，最先出现于 HI—FI 音响领域。

小知识

镜 头

镜头使景物成倒像聚焦在胶片上。为使不同位置的被摄物体成像清晰，除镜头本身需要校正好像差外，还应使物距、像距保持共轭关系。为此，镜头应该能前后移动进行调焦，因此较好的照相机一般都应该具有调焦功能。

拓展思考

1. 数码相机和普通相机最大的区别是什么？
2. 数码相机的种类有哪些？
3. 单反相机作为专业的相机，最突出的特点是什么？
4. 思考一下卡片机为什么能做得这么薄？

视觉震撼——液晶世界

说起液晶，我们一点都不陌生。生活中，到处有它的身影。是它，提供给了我们各种电子产品漂亮的界面。宽大的电脑液晶屏幕，震撼的超大屏液晶电视，小巧的手机液晶屏幕，带给我们无限的视觉享受。

◆巨型液晶屏

很多电子产品，屏幕显示是它非常重要的一部分。有了屏幕显示，我们才能和电子产品有更多的交流，获取更多的信息。可以说屏幕是电子产品和我们人类沟通的窗口。屏幕的原理与材料经历漫长历史演变，到现在，液晶以它独特的特性成为了现在屏幕显示的主流。液晶屏幕是怎么显示的？它与其他显示方式有什么区别？它的应用领域又是哪些呢？答案将在本节一一揭晓。

先认识液晶

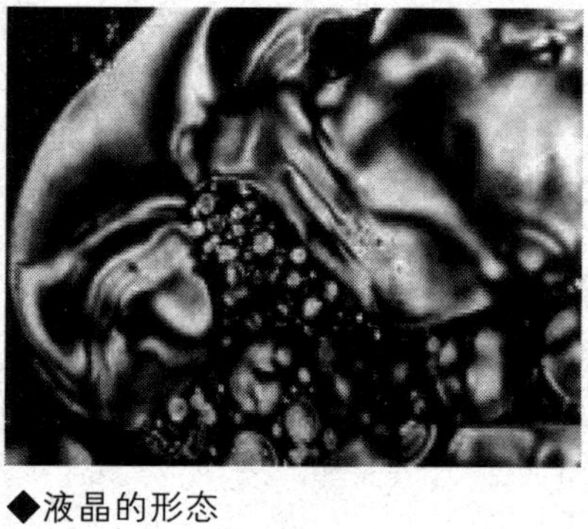
◆液晶的形态

我们知道，一般物质有三种状态：固态、液态和气态。我们将能在某个温度范围内兼有固态与液态两者特性的物质叫液晶（Liquid Crystal，简称 LC），这是一类特殊的有机化合物。它具有特殊的光学性质，还对电磁场敏感，这些非同一般的特性，造就了它很高的利用价值。

历史发现——液晶

◆漂亮的液态晶体——液晶

1888年，奥地利一位叫莱尼茨尔的科学家，合成了一种非常奇怪的有机化合物，它有两个熔点。当把它的固态晶体加热到145℃时，它便熔成液体，只不过是带有光彩的浑浊物，而一切纯净物质（注意，化合物可是纯净物！）熔化时却是透明的。如果继续加热到175℃时，它似乎再次熔化，变成清澈透明的液体。后来，德国物理学家列曼把处于“中间地带”的浑浊液体叫做晶体。它好比是既不像马，又不像驴的骡子，所以有人就戏称它为有机界的骡子。

液晶的伟大贡献——液晶显示器

◆液晶显示器

液晶显示器简称LCD，英文全称为Liquid Crystal Display，它正是利用了液晶的特殊性质实现显示功能的。

LCD的构造是在两片平行的玻璃当中放置液晶，两片玻璃中间有许多垂直和水平的细小电线。通过通电与否，来控制杆状水晶分子改变方向，从而控制光源是透射或是遮蔽，这样便产生明暗而将影像显示出来。若再加上彩色滤光片，则可显示彩色影像。

最初的液晶显示器由于无法显示细腻的字符，通常应用在电子表、计算器上。随着液晶显示技术的不断发展和进步，字符显示开始细腻起来，同时也支持基本的彩色显示，逐步用于液晶电视、摄像机的液晶显示器、掌上游戏机上。现在，液晶显示器已是随处可见，小到电子表、MP3，大

◆第一款液晶电子手表

◆笔记本电脑用的是液晶屏幕

到大型商场里面的巨型屏幕，都有 LCD 的身影。我们最常用的电脑显示屏幕，液晶显示器逐渐代替传统的 CRT 显示器成为了主流。可随身携带的笔记本电脑，正是液晶显示器的功劳。

LCD 比 CRT 好在哪

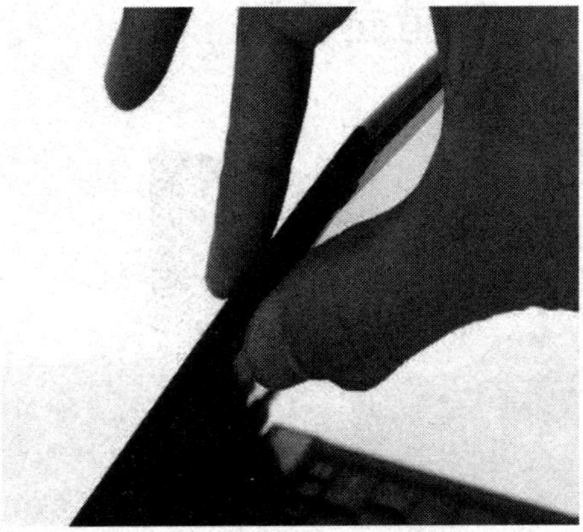

◆液晶显示器的厚度

和 CRT 显示器相比，LCD 的优点是很明显的。我们已经知道 CRT 是靠高速的扫描，利用人眼的视觉暂留效应来显示的，CRT 显示器都有一定的刷新率。造成 CRT 显示器有屏闪的现象。而液晶显示器是通过液晶控制透光度的技术原理让底板整体发光，不是靠刷新来显示的，所以液晶显示器是无闪烁感的，刷新率不用高但图像也很稳定。不闪的 LCD 显示器可以减少显示器对眼睛的伤害，眼睛不易疲劳。

另外，LCD 辐射很小，即使长时间使用也不会对健康造成很大伤害。能耗低也是 CRT 显示器无法比拟的，一般一台 15 英寸 LCD 显示器的耗电量也就相当于 17 英寸纯平 CRT 显示器的三分之一。在个头上，与比较笨重的 CRT 显示器相比，液晶显示器只占前者三分之一的空间。

动手做一做

观察生活中的 CRT 显示器的闪屏现象：

1. 从远处观看打开的台式电脑 CRT 显示器，看看有什么现象。再看看 LCD 显示器有这样的现象吗？

2. 当我们看电视节目时，看到电视中开着的 CRT 显示器有什么现象？长时间看着这样闪烁的 CRT 屏幕对眼睛会有什么危害？

液晶电视机与等离子电视机的区别

液晶电视机和等离子电视机都是现代电视的前沿产品，它们从外形上差别不大，怎么区分它们呢？

液晶电视机，也称为 LCD 或 LED 电视机，使用的是和笔记本电脑及台式电脑平板显示器相同的显示技术。这种电视价格较贵，特别是超过 40 英寸的大尺寸液晶电视机。目前国内市场上的液晶电视机主要以 15～32 英寸为主，也有 42 英寸的超大液晶电视机销售。

◆液晶电视机

等离子电视机，也称为 PDP 电视机，是利用两块玻璃基板之间的气体来显现出色彩丰富而生动的画面。这种电视机比液晶电视机稍便宜，特别是 40 英寸以上的大电视机。和液晶电视机一样，等离子电视机厚度也很薄，都称为“平面”电视机。

◆46 英寸大屏等离子电视机

小贴士——LCD与LED

LED的心脏是一个半导体晶片，晶片的一端附在一个支架上，一端是负极，另一端连接电源的正极，使整个晶片被环氧树脂封装起来。半导体晶片是一个PN结，组成一个发光二极管。当电流通过导线作用于这个发光二极管的时候，就会发光。当PN结的材料不同时，会发出不同颜色的光。我们将多个发光二极管排成阵列，控制它们的亮灭，就成了LED显示器。

发光二极管，是一种固态的半导体器件，它可以直接把电转化为光。

◆LED点阵显示屏

◆室外LED彩屏显示

LED显示器与LCD显示器相比，LED在亮度、功耗、可视角度和刷新速率等方面，都更具优势。LED与LCD的功耗比大约为1：10，而且更高的刷新速率使得LED在视频方面有更好的性能表现，能提供宽达160°的视角，可以显示各种文字、数字、彩色图像及动画信息，也可以播放电视、录像、VCD、DVD等彩色视频信号，多幅显示屏还可以进行联网播出。有机LED显示屏的单个元素反应速度是LCD液晶屏的1000倍，在强光下也可以照看不误，并且适应零下40摄氏度的低温。利用LED技术，可以制造出比LCD更薄、更亮、更清晰的显示器。

液晶屏幕小知识

液晶屏幕坏点又称点缺勤，是指液晶显示器上无法控制的恒亮或恒暗的点，所以坏点分为暗点和亮点。坏点是液晶面板生产时因各种因素造成的瑕疵，是无法维修的，只有更换整个显示屏才能解决问题。液晶技术发展到现在，仍然无法从根本上克服这一缺陷。

◆液晶显示器亮点

说到液晶屏幕，也必须提到可视角度。可视角度是指站在始于屏幕法线（就是显示器正中间的假想线）的某个角度的位置时仍可清晰看见屏幕图像所构成的最大角度。可视角度小是LCD天生的缺陷，液晶显示器由于天生的物理特性，使得使用者从不同角度去看时画面品质会有所变化。与正看时相比，斜看的时候，当画面品质已经变化到无法接受的程度即是液晶屏的可视角度。

◆正面看液晶显示器

◆液晶显示器可视角度小

由于这些天生的缺点，再加上液晶显示器高昂的价格，使得传统的CRT显示器特别是CRT电视机还有一定的市场存在价值，但是液晶显示器要取代CRT显示器也是必然的趋势。

拓展思考

1. 液晶显示器的基本原理是什么？
2. 液晶显示器与传统 CRT 显示器最大的不同是什么？
3. 液晶显示器相比 CRT 显示器有哪些优点？有哪些缺点？
4. LED 显示器有什么特点？

闲暇时光的玩伴——电子游戏机

◆各种各样的电子游戏机

提起电子游戏机，也许你会兴奋不已。是的，电子技术的发展，彻底改变我们的生活方式的同时，也为我们带来了丰富多彩的生活内容。

电子游戏机已经发展成为一个成熟的产业，虽然每一款新的产品的出现，都会遭到家长们的痛斥，但是，电子游戏机产业还是在蓬勃地发展着。游戏机本身并没有错，错的是沉迷其中的学生，错的是没有正确的教育引导。我们不能只是看到过瘾的游戏，还要看到电子游戏机也是电子技术的一大成果，是人类智慧的结晶。让我们全面了解这个给我们带来过快乐，同时也给父母带来烦恼的家族，了解它们的历史，了解它们的技术发展。

游戏界新纪元——电子游戏机

我们用来进行游戏的机械电子装置都可称作游戏机。随着电子技术和信息产业的发展，以及电影漫画产业的带动，电子游戏机便成为了游戏机的实际代表。由于其更专业化的游戏性表现，因此即便电脑水平如此发达的今天，电脑游戏仍然无法完全替代游戏机。

电子游戏机的岁数并不大。在 20 世纪，电子技术经历了电子管时代、晶体管时代，后来又发展到集成电路时代。电子计算机可以说是电子技术

◆漂亮的电子游戏机

◆电脑小游戏

发展的直接见证者。随着计算机飞速发展，计算机软件也发展迅猛。一些计算机软件的设计者们，在工作之余，时常喜爱编一种能与人斗智的“游戏”，以此来锻炼编程的能力。这种“游戏”花样繁多，但其特点都是利用计算机软件事先设计好的“分析”、“判断”能力反过来与人较量。由于不断修改更新，使计算机的“智力”水平与人难分高低。

后来美国加利福尼亚电气工程师诺兰·布什纳尔看到了这种游戏的前景，他于1971年设计了世界上第一台商用的电子游戏机，从此引发了一个产业的兴起。

历史趣闻

1971年，布什纳尔根据自己编制的“网球”游戏设计了世界上第一台商用电子游戏机。刚开始他还有些不自信，怕人们不接受它。他就同附近一个娱乐场的老板协商，把它摆在了这个娱乐场一角。没过两天，老板打电话告诉他，那台所谓的“电子游戏机”坏了，让他前去修理。布什纳尔拆开了机壳，竟然发现投币箱全被硬币塞满了！机器是被撑坏的。成功激励着布什纳尔进一步研制生产电子游戏机，不久后他创立了世界上第一家电子游戏公司——雅达利公司。

广角镜——游戏机的史前时代

◆巨源投币机

在电子技术发展之前，就有了游戏机的身影了。聪明的人类用机械的装置设计出了各种各样的游戏机。1888年，德国人斯托威克设计了一种叫做“自动产蛋机”的机器，只要往机器里投入一枚硬币，“自动产蛋鸡”便“产”下一只鸡蛋，并伴有叫声。人们把斯托威克发明的这台机器，看作是投币游戏机的雏形。

后来，著名的魔术师伯莱姆设计了投币影像游戏机。虽说是影像，却仍旧是机械式的，操作者投币后可以从观测孔看到里面的木偶和背景移动表演。

从19世纪末到20世纪50～60年代，投币游戏机大都属于机械或简易电路结构，游戏者也是青年、成年人居多，场合仅限于游乐场，节目趣味性较差，而且内容单一。但与此同时，随着全球电子技术的飞速发展，战后的1946年出现了第一台电子计算机，其技术成就渗透到各个领域，一个娱乐业革命也在酝酿之中。

电子游戏机的发展方向

最初的电子游戏灵感来源于电脑软件游戏，它满足了人们对竞争和对抗的渴望，同时能为胜利者提供崭新的画面和音乐享受。最初的电子游戏机出现在街头的游戏场所，随着电子游戏发展，街头的游戏机逐渐不能满足人们的要求，于是，电子游戏机开始朝着“家庭化”的方向发展。电子技术的突破，也助长了这个发展方向。随着电视机的普及，电子游戏机的画面开始能够搬到电视上显示，产生了电视游戏机。

伴随着电子技术的进步，电子游戏机产业迅速膨胀。世界范围内崛起了多个有影响的电子游戏机公司，更多的精英人才被吸引到电子游戏机的研发中来。电子技术飞跃式的发展加上大量的人才投入，电子游戏机现在已经风靡全球，走进了千家万户。

拓展思考

你玩过什么电子游戏机？达到痴迷的程度了吗？思考一下你玩的电子游戏机最吸引你的地方是什么？是胜利后的满足，还是挑战的刺激，还是……

几颗最耀眼的“明星”

早在 1961 年，麻省理工学院学生史蒂夫·拉塞尔设计出了“Space war!”太空大战，它是真正运行在电脑上的第一款交互式游戏。相信会有不少同学对它留有深刻的印象吧。

◆太空大战

1972 年，第一家电子游戏机公司——雅达利发售了一种平台式大型游戏机“乒乓”（PONG），该游戏机风靡全美，是游戏业发展历史上值得大书特书的事件。

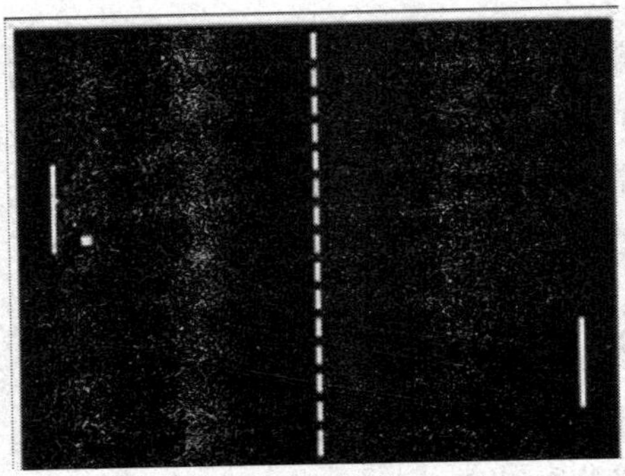

◆经典的“乒乓”

1983 年，日本赫赫有名的电子游戏机公司任天堂开发了 FC 游戏机（Famicom），俗称红白机。这款游戏机带来了先进的游戏开发理念和革命性游戏技术，使其成为电视游戏的真正鼻祖。在我国这款游戏机也曾经风靡一时。一些经典游戏像《最终幻想 2》、《勇者斗恶龙 3》、《火焰之纹章》、《魂斗罗 2》等会勾起很多人美好的回忆。

◆红白机

1987 年 10 月 30 日，NEC（日本电气公司）推出了一台“准次时代”游戏机——PC－ENGINE，简称 PC－E。PC－E 也有幸成为世界上第一台搭载 CD－ROM 系统的游戏机，对 FC 来说这是一台相当有杀伤力的游戏机，因为 PC－E 本身就是专门针对 FC 推出的“杀手”。

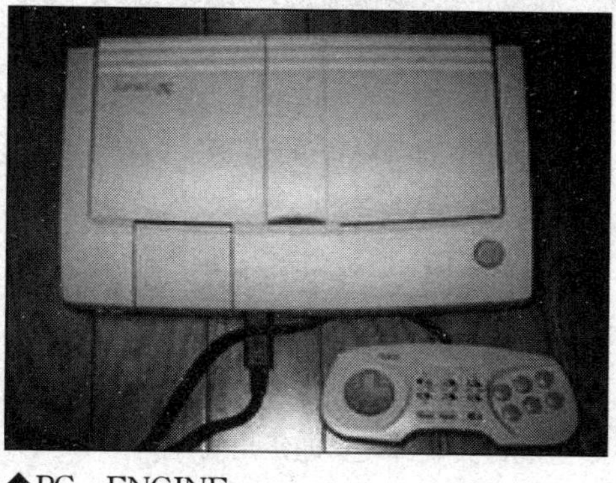

◆PC－ENGINE

1994 年是游戏机具有历史意义的一年。这一年，索尼公司发布了 32 位基于 CD 的家庭电视游戏系统——索尼 PS 游戏机（PlayStation）。刚推出时竟出现数百人排队购买的浩大场面，首批出货的 10 万台在中午前被抢购一空，甚至连索尼社长大贺典雄的孙子都不得不空手而归。由于 PS 的品牌号召力使得众多知名软件厂商纷纷加盟，PS 主机上开始逐渐呈现出百花齐放的局面。

◆PS2

2001 年 11 月 15 日，微软发布了 Xbox 游戏主机。虽然 Xbox 在美国上市时，PS2 的全球销量已经突破了 2000 万台，然而来势汹汹的 Xbox 依然令人畏惧。微软在纽约和旧金山举办了盛大的 Xbox

谈电子世界

午夜首卖活动，比尔盖兹亲临纽约时代广场，并将第一部 Xbox 递给期待已久的玩家。2005 年 11 月 22 日，微软在美国推出了 Xbox360 游戏机，第七世代战争的帷幕由 Xbox360 率先掀起。在这领先其他次世代游戏机发行的一年中，Xbox360 成功地占有大量的游戏机市场。

细品电子游戏机

◆游戏经典设计——超级玛利

如今，游戏机风行的程度，是第一台电子游戏机的研制者诺兰·布什纳尔先生始料不及的。从全世界最大的城市到最小的村庄，从最辉煌的游乐场到最小的乡镇儿童娱乐点，娱乐游戏机身影无处不在。伴随着无数成功与失败、兴奋与懊丧，游戏机带来了一个全球性的疯狂症，其他任何娱乐与之相比都望尘莫及。然而，究竟是什么原因使游戏机如此风行呢？

技术进步在游戏机发展过程中起到了极大的促进作用。但是，技术进步绝不是游戏机风行的唯一因素。1982 年，任天堂公司总部设计室主任宫本秀设计出了脍炙人口的节目《超级玛利》，截止 1992 年底该游戏卡已创下 4.45 亿美元的销售额记录，虽然该游戏的容量仅为 40KB，其技术成分比世嘉游戏要低很多，但至今没有一部世嘉游戏销售额比得过这部游戏。宫本秀先生在回答这部游戏为何获得巨大成功时说，他设计的玛利形象——一位固执的意大利水管安装工与许多人有着共同的性格，所以人们都喜欢玛利。任天堂公司的领导人山内溥更是直言不讳："由于拥有新技术，他们（世嘉公司）可以领先于我们进入市场，但可以直率地说，我们的游戏内容要好一些。"任天堂公司正是凭借在选择好题材、好设计方面的雄厚实力与世嘉公司抗衡。可以说好的游戏内容与先进的技术是相辅相成的，它们共同造就了游戏机的风行。

拓展思考

1. 电子游戏机为我们的童年留下什么样的回忆？
2. 你钟爱的游戏是什么？它有什么特点？
3. 发挥你的想象力，试试看能不能设计一款简单的游戏？
4. 在玩游戏机的过程中，你学到什么？惊叹过游戏的独特设计吗？

厨房的好帮手——厨房电器

◆厨房电器

"妈妈，饭做好了没有？饿死啦！"这也许是你放学回家的第一句话。"先洗洗手，马上就好！"妈妈会给你一个满意的回复。是谁帮助妈妈烧出可口的饭菜？又是谁让妈妈做饭的速度如此之快？没错，正是厨房里的那些电子产品。

电饭煲能方便、迅速烧出香喷喷的米饭，煲出营养的汤汁；电磁炉使炒菜变得方便快捷，甚至还可以用来吃热腾腾的火锅；微波炉更使热饭变得易如反掌，让做饭变得更营养健康。这些先进的厨房电器是怎样工作的呢？在使用过程中又有哪些要注意的呢？也许，通过本节，你能给妈妈一些使用这些电器的建议呢。

自动跳转——电饭煲

电饭煲，我们又叫电锅、电饭锅。它是利用电能转变为热能的炊具，使用方便，清洁卫生。它具有对食品进行蒸、煮、炖、煨等多种操作功能，我们最常用的功能是用来煮米饭。

电饭煲有独特的功能。米饭煮好时，它能够自动跳到保温状态，以免把米饭烧成"焦饭"。保温时又能一直保持在一定温度下，不用担心米饭冷掉。它为什么有如此神奇功能呢？

其实电饭煲实现这些功能并不复杂，只要了解简单的物理知识便能理

◆电饭煲

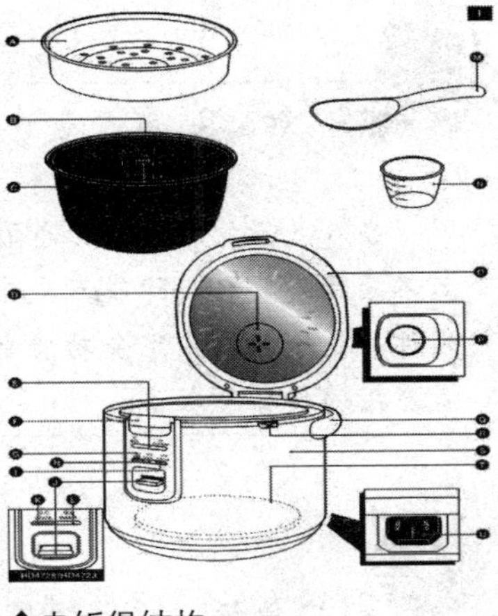

◆电饭煲结构

解。当饭煮好的时候，电饭煲内的水便会蒸发，由液态转为气态。物体由液态转为气态时，要吸收一定的能量，叫做“汽化潜热”。这时候，温度会一直停留在沸点。直至水分蒸发后，饭煲里的温度便会再次上升。电饭煲里面有温度计和电子零件，当它发现温度再次上升的话，便会自动停止煮饭。

思考一下，在电饭煲中安装一个控制器来控制自动跳变，这样可以吗？

保温时，温度计发现锅内温度低于某一设定温度时，便会启动保温电路进行加热。当温度计发现温度高于某个设定温度的时候，会切断加热电路。这样，电饭煲就实现了保温功能。

现代的电饭煲已经加入了更多的智能化元素，控制系统也升级为一个微电脑。微电脑的核心是嵌入式处理器，其他很多的电子产品都是引入了嵌入式处理器来实现更加智能化的功能。

知识窗

嵌入式处理器

嵌入式微处理器是由通用计算机中的CPU演变而来的。与计算机处理器不同的是，在实际嵌入式应用中，只保留和嵌入式应用紧密相关的功能硬件，去除其他的冗余功能部分，这样就能以最低的功耗和资源实现嵌入式应用的特殊要求了。

广角镜——电饭煲使用小知识

1. 老式电饭煲只有在煮饭时才会自动跳闸，如果用作煮粥、煮汤、下饺子等就应掌握煮沸时间，不能等其自动断电，因为它要煮到水干时才会自动断电。

2. 用完电饭煲后，应立即把电源插头拔下，否则，自动保温仍在起作用，既浪费电，也容易烧坏元件。

3. 电饭煲内锅的内壁上通常喷涂一层聚四氟乙烯防焦涂层，使煮饭时不易糊，并且容易清洗。如果锅的材料是铝合金，清洗时不要刷坏它的表面，因为材料中的铝可能会进入饭中，长期使用会使铝元素损害人的脑细胞，从而影响脑细胞功能，导致记忆力下降，思维能力迟钝。

4. 做米饭时最好先将米淘净后在清水中浸泡15分钟左右，然后再下锅，这样可以大大缩短煮饭的时间，且煮出的米饭特别香。

5. 电饭煲内米饭保温不会变质。因为米饭在25℃～40℃范围内，易因细菌繁殖而变质，但电饭煲保温温度一般控制在65±5℃。但是保温时间长了，上层会发生干硬，只要在烧煮前于米粒上铺一层干净的纱布，就可避免干层。

无火的炉灶——电磁炉

电磁炉是厨房电器的一种新兴炉具。它打破了传统炉具用明火或者热传导式加热的局面，开创了无火煮食厨具的新时代。可以说它是现代厨房革命的产物。

理解电磁炉的原理需要知道电磁转化的物理知识。电磁炉所用的加热

◆电磁炉

◆电磁炉面板下的线圈盘

原理是磁场感应电流，又称涡流。电磁炉是通过它的电路板产生交替变化的磁场。当我们把含铁质的锅放在电磁炉的面板上时，锅就切割交替变化的磁力线，从而在锅的底部金属部分产生交替变化的电流（即涡流），涡流使锅的铁分子高速无规则运动，分子相互碰撞、摩擦产生热能。锅本身高速发热，用来加热和烹饪食物。

电磁炉的热源是来自于锅的底部而不是电磁炉本身，所以电磁炉热能的利用率比其他炊具均高出近一倍。而且电磁炉还有升温快、无明火、无烟尘、无有害气体、体积小、使用安全等特点。因此，有些人将它称为“烹饪之神”、“绿色炉具”。

科技文件夹

磁力线是表示磁场的虚拟线，由电磁感应可知交变的磁场用导体切割磁力线会产生交变电场，交变电场会产生感应电流，就叫涡流。

讲解——电磁炉的使用需注意什么?

电磁炉虽然使用方便、安全，但是它毕竟是大功率的电器，使用起来还是有不少要注意的地方：

1. 务必使用铁质、特殊不锈钢等材料的锅具，这是电磁炉的加热原理决定的。锅的底部也要平，保证锅底与电磁炉面板有一定的接触面积，锅底直径以12～26厘米为宜。

2. 电磁炉功率大，一般在1600W以上，在配置电源线时，应选能承受15A电流的铜芯线，配套使用的插座、插头、开关等也要达到这一要求。否则，电磁炉工作时的大电流会使电线、插座等发热甚至烧毁。

3. 加热至高温的时候，尽量避免直接拿起锅具再放下，这样瞬间功率忽大忽小，易损坏电磁炉的电路板。

4. 使用时电磁炉放置要平整，以防锅具滑出或者炉体损坏。

5. 电磁炉面板承受力是有限的，一般为5千克，所以锅具加上食物要在5千克以下。

6. 电磁炉清洁的时候不可直接在水中冲洗，不要用金属刷等较硬的工具擦拭炉面上的污垢。可用软布沾低浓度的洗衣粉水擦拭。

微波的力量——微波炉

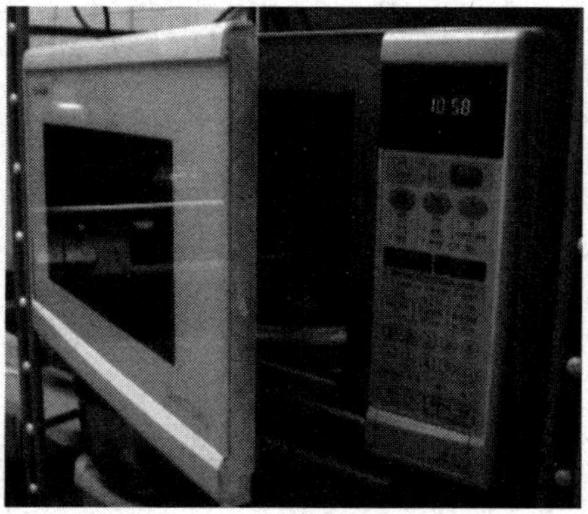

◆微波炉

微波炉顾名思义是用微波来煮饭烧菜的。我们先来认识一下微波。微波是一种频率极高的电磁波，能量比一般的无线电波大得多。它非常有个性，微波一碰到金属就发生反射，金属根本没有办法吸收或传导它。然而它可以穿过玻璃、陶瓷、塑料等绝缘材料，但不会消耗能量。而含有水分的食物，微波不但不能透过，其能量反而会被吸收。正是这些个性造就了微波炉的神奇。

微波炉其实就是一个微波发生器，它能产生每秒钟振动24.5亿次的微波。微波在微波炉内振荡，并且使食物中所含的水分子和它一起用相同的频率振荡。从而引起分子与分子互相摩擦生热。振荡频率愈高，振幅愈大，分子间摩擦愈剧烈，产生的热量也就愈多。显然，这种加热的方式与烘烤的红外线辐射的方式效果不同，它可以使食物的内部和外表面同时受热，这种加热方式效率很高，煮熟一盒米饭，只要几分钟，速度比一般炉具快4到10倍。

万花筒

我们用一般炉具烤白薯、烤面包，烹炸豆腐、鱼之类的能够得到“外焦里嫩”的效果。但是微波炉却做不到。甚至在微波炉中会出现“里焦外嫩”的奇观。这是因为微波炉是里外同时加热，当你加热一个馒头，如果正好放置的位置馒头内部微波强度高，你会发现，馒头表面还没烫手，馒头的中心已经烧干。

小贴士——微波炉怎么用?

◆微波炉蒸出的包子

◆微波炉爆出的爆米花

由于微波炉的特殊性，它的使用也有很多需要注意的地方，与常规的炉具有很大差异。

1. 对放食物的容器要求非常苛刻。首先要用微波炉专门配备的容器盛放食物放在微波炉内，忌用普通塑料容器。用普通塑料放进微波炉一是会使塑料容器变形，二是普通塑料会放出有毒物质，污染食物。其次忌用金属容器。由微波的特性我们知道微波不能穿透金属，所以金属容器不能起到加热食物的效果。另外更为严重的是金属放在微波炉中会产生电火花。还有不能用封闭的容器。因为封

闭容器内食物的热量不容易散发，易引起爆破事故。

2. 忌超时加热。食物放在微波炉中加热，若忘记取出，如果时间超过 2 小时，则应丢掉，以免发生食物中毒。

3. 忌油炸食品。高温油会发生飞溅导致火灾。如万一不慎引起炉内起火，千万不能先开门，应先关闭电源，待火熄灭后再开门降温。

微波炉外壳是不锈钢金属的，用来阻止微波外逃。现在的微波炉一般都有安全联锁开关，炉门关上时，才能正常工作，确保微波不外泄。

4. 带壳的食物（如鸡蛋）、带密封包装的食品不能直接烹调。以免爆炸。

5. 微波对人体是有危害的。不宜把脸贴近微波炉观察窗，防止微波辐射而损伤眼睛。在使用微波炉时要记得关好炉门，以防止微波泄漏。

6. 使用微波炉时，应注意不要空“烧”，因为空“烧”时，微波的能量无法被吸收，这样很容易损坏微波炉中产生微波的器件。

虽然微波炉有这么多需要注意的地方，还有可能发生危险，但是现在微波炉中加入了嵌入式的处理器，使微波炉更智能化，添加了多种安全保护措施，让微波炉用起来变得简单安全。它烹饪时间短，有利于保护食物中的营养不被破坏，是现代化厨具的代表。

拓展思考

1. 电饭煲煮饭时是怎么实现自动跳到保温档的？
2. 铝锅能在电磁炉上使用吗？为什么呢？
3. 电磁炉的发热原理是什么？
4. 微波有什么特点？微波炉是怎样利用微波煮饭的？

爱恨有加

——谁是电子产品的“奴隶”

人，诗意地栖居在大地上。

回首人类走过的漫长岁月，纵然充满苦难，没有方便的通信工具，没有现代化电子娱乐产品，没有先进的电脑设备，可我们人类还是富有诗意地走出了自己的生存之道：一匹白马，游历尽绚丽多娇的山水；一封家信，传递着情意浓浓的问候；一卷竹简，记载了博古通今的智慧……简单的生活方式也可以过得温情、活得精彩。

不过，历史总是要前进的，人类的步伐也在向着电子化的时代迈进。随着科技的不断发展，我们被各式各样的电子产品包围，我们的生活有了巨大的改变。这种改变，有时给我们带来方便，有时却让我们烦恼不已，甚至影响到的人类的生存、发展。

电子产品是把双刃剑——美好与忧患同在

◆电子环保引起社会广泛关注

高科技的通信设备覆盖了地球，把世界连在了一起；丰富多样的娱乐电子改变了我们的生活……电话、QQ不是要比鸿雁传书来得更快捷吗？现代的电磁炉、微波炉做饭不是比原始的袅袅炊烟更迅速、卫生吗？电脑绘图不是要比手工绘图来得更省心吗？这一切无不说明现代化的电子产品给我们带来的巨大冲击力。可以说，我们现代的生活，已经完全离不开电子产品了。

但是，你有没有想过，有了手机的方便快捷，我们少了小心翼翼打开信封的兴奋，少了轻轻打开信纸的激动；有了MP3、MP4、电子游戏机的精彩，我们少了与同学、好友的畅快欢笑、纯真友情；有了电视、网络信息的丰富，我们少了和父母的促膝长谈、享受家的温馨。我们的世界被电子产品充斥着，洁净的空气中充满了无形的电磁辐射危害着我们的身躯，电子垃圾污染着我们美好的家园，沉迷于电子产品带走了我们健康的体魄，模糊了我们明亮的眼睛，此时，我们陷入了深思……

书信的失落

电子技术和通信技术的结合带给了我们人和人沟通的巨大变革，通信领域丰富的电子产品，给我们的生活带来了空前的便利。不管身在何处，总是能很轻松地联系到想念的人；不管身在何处，总是能给别人帮助，也可以得到别人的帮助。现在手机使用已经从中学生蔓延到了小学生身上，

◆注入情感的书信与冰冷的键盘

◆科技发展的尴尬

让他们的爸爸妈妈多了份安心。

书信的字里行间融入了人的情感，有写信人的气息、感受。我们也能将这种温馨融入到现在的通信中，如亲手制作电子贺卡、用邮件短信表达自己的情感等。

变革带给我们便捷的同时，传统的沟通方式——书信被我们遗忘在了历史的角落里。“亲爱的爸爸、妈妈，你们好吗？我在北京挺好的，你们不要太牵挂……”一首经典怀旧的老歌——《一封家书》，会给远离家乡的人一份深深的感动，激起对家的思念、对父母的牵挂。可是想家的时候，电话、短信、电子邮件是我们首选的方式，亲手写家书已经淡出了我们的生活。但是对于父母来说，手写的远比电子的东西来得更亲切和温馨。

电子时代让人们之间的联系更快、更方便了，可是人和人之间隔着孤独的手机和冰冷的键盘，没有了书信的那份真诚、温馨。以前我们良好的习惯没有了。是我们疏忽了吗？现代的通信发展的确是科技的进步，但是我们也不应该忘记历史交流方式的精髓，我们可以将它们更好地融入到现代沟通方式当中，打破那种冰冷，这样，才是人类的真正进步，不是吗？

今天你阅读了吗？

世界变化真快，能“行万里路”的人越来越多，能“读万卷书”的人却越来越少。社会发展到现在的信息时代，阅读的方式已经发生了根本性的改变。

◆一位老者在国家图书馆阅读电子报纸

传统的书本阅读受到了冲击。先是电视，丰富的电视信息，占据了人们大量的阅读时间。而后又是“电子图书”，使阅读逐步电子化。书本大小的电子书竟然可以装下一整个图书馆的藏书，极大地扩展了我们的阅读范围。

◆轻巧的电子书

数字化的阅读是未来阅读的发展方向，使我们的阅读更加便捷了。现在，连一个小小的手机就能装载上亿字的图书资料，阅读不可谓不方便。但是，面对电子图书这庞大的信息量，同学们往往会变得无所适从，阅读的内容变得盲目了，出现了“快餐式”的阅读方式。数字化阅读的发展趋势，要求我们在阅读的过程中要更加自主、主动。要明确地知道自己要读什么样的书，不管什么样的阅读方式，培养良好的阅读习惯才是最重要的。

◆电子阅读吸引着小读者

一“网”情深

如果评选21世纪对人们影响最大的事物，我想“网络”是当之无愧的。网络已深入到我们的学习、工作、生活中，它为我们的学习和工作带来极大方便的同时，更是与我们的日常生活密切相关。可以说，网络已成为我们生活中不可缺少的一部分，网络影响着我们的生活，网络改变着生活的节奏。

◆百度搜索引擎

◆网上购物

在网上查找资料，那是最简单，最基本的用处了。在百度上输入要查找的信息，搜索，OK，大功告成！网上还可以实现购物，不用出门，轻轻动下手指，心爱的商品就会送到家。

网络“双刃剑”

是的，网络是神奇的、有益的。在人类历史上，从来没有任何一项技术及其应用像互联网那样发展那么快，对人们的工作、生活、消费和交往方式影响那么大。但是目前的网络社会并非是一片纯净的天空。对于网络所创造和提供的这个全新环境，人们好像还没有作好充分的心理准备。对于它所带来的积极的、正面的影响，人们比较容易看到，宣传和肯定也比较充分，而它对我们家庭生活所产生的消极的、负面的影响也绝对不容忽

◆网络“双刃剑”

◆虚幻的网络

视。越来越多的事实说明，网络对我们学生的负面影响是巨大的。我们很多家长视网络为洪水猛兽，虽然有些夸张，但是也充分说明我们学生中受网络毒害的并不在少数。

与现实的社会生活不同，青少年在网上面对的是一个虚拟的世界，它不仅满足了青少年尽早尽快享有各种信息的需要，也给人际交往留下了广阔的想象空间，而且不必承担现实生活中的压力和责任。虚拟世界的这些特点，使得不少青少年宁可整日沉溺于虚幻的环境中而不愿面对现实生活。而无限制地泡在网上将对日常学习、生活产生很大的影响，严重的甚至会荒废学业、危害身体。

警示——因网络而起的青少年犯罪

在互联网给人们的工作、生活和社会交往带来极大便利的同时，也产生了并将长期存在着许多影响青少年的一些行为准则。

暴力网络游戏与青少年暴力事件频发有着密切的关系，它对未成年人影响尤为突出。在游戏世界里，所有的问题都可以用武力解决，在现实社会中遇到冲突，便会采用这种最熟悉的方式来解决。在某些人看来，这和在游戏里无数次重复过的行为没太大不同，但在现实中却会酿成大祸。

网上聊天对青少年也很有吸引力。同时，网上聊天又具有很强的隐蔽性，因此社会辨别能力低、自我保护意识弱的青少年，很容易通过网上聊天被诱唆和误导，加之青少年正处于青春发育期，生理和心理均不成熟，在外界不良因素的刺

◆网络游戏场面暴力

◆网络聊天无人监管，青少年易迷失自我

激下有些人容易走向犯罪道路。

拓展思考

1. 电子产品为你留下的美好回忆是什么？

2. 你遇到过与电子产品相关的烦恼吗？

3. 你有过电子阅读的经历吗？都读些什么内容呢？感觉与纸质的书籍有什么不同？

4. 你经常上网吗？总结一下网络给你带来了什么？

电子产品的葬礼——如何处理电子垃圾

◆骇人的电子垃圾

我们先来调查一下，我们自己手中的电子产品报废不能用了，是怎么处理的呢？估计大多数同学会回答：“丢进垃圾桶里。”是的，它们已成为垃圾，理应当作垃圾丢进垃圾该待的地方——垃圾桶。

但是，电子产品的“尸体”可与一般的垃圾不同，它们不能自然降解，会污染环境。我们称之为“电子垃圾”。制造电子产品一般会用一些特殊的材料，这些材料大部分会含有有毒物质，会对人体造成伤害，同时也会污染土壤。

现在，电子产品日新月异，更新速度快得惊人。随之而来的是电子垃圾问题。面对如此庞大的污染源，若不及时处理，会对我们的母亲——地球造成极大的伤害。新时代的我们是人类未来的希望，要从自我做起认清电子垃圾的危害，培养对待电子垃圾的科学态度。

科技发展的痛楚——污染

项　目	环境问题	项　目	环境问题
1	气候变暖	6	土地荒漠化
2	臭氧层破坏	7	大气污染
3	生物多样性减少	8	水体污染
4	酸雨蔓延	9	固体废物污染
5	森林锐减	10	海洋污染

◆全球十大环境问题

科技的发展，极大地推动人类的进步，影响着人类的生产和生活方式。但是，我们时刻不能忘记随之而来的环境污染问题。现在，环境污染已经影响到了人类正常的生产、生活，成为人类所面临的重大问题之

◆废弃的电路板堆积如山

一。电子科技是现代科技的代表，电子产品的发展对人类全球性环境问题的“贡献”非常大，值得我们深思。

电子产品对环境的影响从生产过程到成品废弃物都有，生产过程包括机械加工、表面处理、电子装配等，其中尤其以表面处理的影响较大，因为表面处理所涉及的化学品比较多，而化学品是造成环境污染的重要因素之一。至于电子产品的废弃物，就是我们说的电子垃圾，则对环境有更大危害，却又容易被人们所忽视。

电子时代“新罪魁”

我们先来看看电子产品到底有多“毒”吧。世界公认的六类对人体健康威胁最大的有害元素，分别是铅、镉、汞、六价铬、多溴二苯醚、多溴联苯。主流的电子产品都会用的这几类有毒物质。在正常的电子产品使用时，这些元素不会外露，不会对我们造成伤害，当电子产品成为电子垃圾的时候，它们就会发威了。

◆随意丢弃的显像管

传统的CRT显示器的显像管玻璃中使用了铅，液晶显示器的背光源大多使用的灯管中含有铅、汞等有害物质，所有的电路印制板中，也会用到铅。电源设备和光源设备中，会用到有毒物质汞。在电子产品的塑料外壳中大多加入了阻燃剂，这些材料中含有多溴二苯醚、多溴联苯。电子产品的零部件品种多样，一般会含有镉、铬等有毒的金属元素。

友情提醒——电子产品中的“毒”

阻燃剂主要适用于有阻燃需求的塑料，延迟或防止塑料尤其是高分子类塑料的燃烧。使其点燃时间增长，点燃自熄，难以点燃。

铅是一种对神经系统有害的重金属元素。金属铅以及产生的铅化合物，全被归类为危险物质。在人体中铅会影响中枢神经系统及肾脏，被归类为一类危险物质。汞是吸入性毒物且具有生物累积效应。对人体的危害主要是影响中枢神经及肾脏系统。

多溴二苯醚、多溴联苯均属于致癌性及致畸胎性物质，会使甲状腺荷尔蒙紊乱和使胎儿畸形。这些物质还可能造成严重且影响范围广泛的空气污染。

废弃的印制线路板含有阻燃剂，在作为垃圾焚烧时，会产生严重污染环境的二恶英。二恶英是严格禁止的污染物，有极高的毒性，又非常稳定，属于一类致癌物质。由于极难分解，人体摄入后就无法排出，从而严重威胁人类健康。

知识窗

“世纪之毒”——二恶英

它一种无色无味、毒性严重的脂溶性物质，非常稳定，熔点较高，非常容易在生物体内积累。它的毒性十分大，是氰化物的130倍、砒霜的900倍，有“世纪之毒”之称。国际癌症研究中心已将其列为人类一级致癌物。

电子垃圾处理现状——堪忧

随着时代的进步，我们享受着不断更新换代的电子产品。然而，仔细环顾四周，我们不禁惊讶：电子垃圾已然近在身边！如今“高价回收废旧

◆经过返修后的电脑配件重新走上柜台

◆小贩式电子垃圾回收

◆“恐怖”的拆解过程

手机、硒鼓、墨盒、MP3”，手持这样小广告的商贩成了很多城市过街天桥、高校和电子城的“风景”；“高价回收冰箱、洗衣机、大小家电”则时常打破居民小区的寂静。

这就是我们日常生活中的电子垃圾处理的主要方式。在我国很多城市，加速剧增的电子废弃物“资源”已然成就了一个产业链条和相关的种种职业。在收购—简易拆解—零件转运—精细拆解的完整产业链条上，是游击队式的家庭作坊，随意就地拆解成为威胁城市环境安全的一个悄然生成的毒瘤。

在这些小作坊里，可以称作“锤敲斧砸”的 19 世纪处理手段被用到 21 世纪的电子产品上。在野蛮拆解和酸浸、火烧等原始工艺后任凭处置废液横流，不作任何处理直接流入排水管线或流淌在地上，一些难以提炼的贵重金属和有毒有害物质一并被混入生活垃圾中。

“二次资源”无害化之路

电子废弃物不是简单的垃圾，仅仅从材料角度讲，这些废弃物只是暂时失去了使用价值，其基本性质和特征并没有发生改变。如果得到规范、

专业的拆解处置，电子废弃物完全可以成为“二次资源”并减少对人类健康的危害。以个人计算机为例，其中约含铜7%、铝 14%、铁 20%、锌2%、塑料23%等对环境无害的高价值物质约66%，也含有铅6%、汞0.002%、镉0.009%等对环境有害的物质约6%，其他玻璃等物质约28%。

◆规范的电子垃圾拆解流水线

现在，电子垃圾已经受到各个国家的高度重视，我国于2008年出台了《电子废物污染环境防治管理办法》，以求电子垃圾拆解行业步入正轨。电子垃圾的处理应该摒弃手工作坊式的原始办法，建立统一的电子垃圾处理系统。利用特殊的设备对电子垃圾进行无污染分离处理，打造成一条完整的“绿色回收产业链”。这种集中、便利、高效的回收体系与大规模化的生产处理方式是现在电子垃圾处理最好的出路。

当然，在我国完全实现科学的电子垃圾处理系统道路还很长，在这个艰难发展的道路上，我们作为将来新时代的接班人，有责任从身边做起，给我们自己的电子垃圾一个绿色的“葬礼”。

知识库

电子废物污染环境防治管理办法

制造商、进口商、销售商应当依据国家有关规定建立回收系统，回收废弃产品或者设备，并负责以环境无害化方式对其进行贮存、利用或者处置。对于无照经营、擅自处理电子垃圾的单位和个人由工商行政管理部门取缔，没收工具、设备等，还可处以最低5万元、最高50万元的罚款。

拓展思考

1. 你了解过身边报废的电子产品流向何处吗?
2. 你自己的电子垃圾是怎么处理的呢?
3. 电子垃圾含有哪些有毒物质?
4. 进行社会调查、走访,了解我们身边的电子垃圾处理现状。

无形中的伤害——电磁辐射

◆模拟电磁辐射

除了电子垃圾给我们的环境造成污染外，电子产品也会带来一些隐性的伤害。当我们使用电脑、听MP3、看电视、接打手机时，电磁辐射便如影随形。与之相处的时间过长，就有可能对我们身体健康造成伤害。目前电磁污染已经排在污水、废气、噪音之前，成为第一大污染。你听说过电磁污染的概念吗？对电磁辐射又了解多少呢？作为电子时代的我们，没有一天能够离得开电子产品，只有对看不见、摸不着的电磁辐射有了足够的了解，才能正确地减少电磁辐射对我们造成的伤害。

什么是电磁辐射

◆手机电磁辐射

说到电磁辐射，我们还得再次把电磁感应原理搬出来。电和磁是不分家的，电和磁又是都带有能量的。电磁辐射是一种复合的电磁波，以相互垂直的电场和磁场随时间的变化而传递能量。电磁辐射超过一定的强度后，就造成了电磁污染。人体生命活动中包含一系列的生物电，这些生物电对环境中的电磁波非常敏感，因此，高强度的电磁辐射可以对人体造成影响和伤害。

伤人于无形的原理

◆笔记本电脑附近的电磁辐射测试

我们来认识一下电磁污染危害人体的机理。主要有热效应、非热效应和累积效应等。

1. 热效应：人体70%以上是水，水分子受到电磁波辐射后相互摩擦，引起机体升温。往往从肌体表面看不出什么，而内部组织却已严重“烧伤”，从而影响到体内器官的正常工作。

2. 非热效应：我们人体的器官和组织都存在微弱的电磁场，它们是稳定和有序的，一旦受到外界电磁场的干扰，处于平衡状态的微弱电磁场将遭到破坏，人体也会遭受损伤。

3. 累积效应：热效应和非热效应作用于人体后，对人体的伤害尚未来得及自我修复之前，再次受到电磁波辐射的话，其伤害程度就会发生累积，久而久之就会成为永久性病态，危及生命。所以，对于长期接触电磁波辐射的群体，即使功率很小，频率很低，也可能会诱发意想不到的病变。

知识库——人体中的电磁场

人体内部带电粒子无处不在，由它们组成的电磁场也是布满全身，形成一个全身性的人体电磁场。人体电磁场系统在身体内部，是消化、分泌、呼吸、心血、神经、骨骼、结缔组织等系统之外的系统。人体电磁系统是以人体的电粒子为物质基础，当人体作为一个整体存在时，人体电磁场有一个统一的、确定的频率。但把人体划分成各个系统和器官时，它们又都有自身的电磁频率，如心电、

心磁频率，和其他脏器电磁频率就不一样。

无形中的损伤

人体易受电磁辐射伤害的部位主要是大脑、眼睛、胸部器官和生殖器官。

◆生活被电磁辐射包围

◆电磁辐射警示标志

由热效应引起的肌体升温，对心血管系统的影响是心悸、头胀、失眠、部分女性经期紊乱、心动过缓、心搏血量减少、心率不齐、心脏细胞病变、白细胞减少、免疫功能下降等；对视觉系统的影响是视力下降，引起白内障等；对生育系统的影响是性功能降低、男子精子质量降低、孕妇发生自然流产、胎儿畸形等。所以，孕妇是最需要预防电磁辐射的人群。

电磁辐射的非热效应干扰了人体的固有微弱电磁场，使血液、淋巴和细胞原生质发生改变，造成细胞内的脱氧核糖核酸受损和遗传基因发生突变畸形，进而诱发白血病和肿瘤。

生活中的电磁辐射

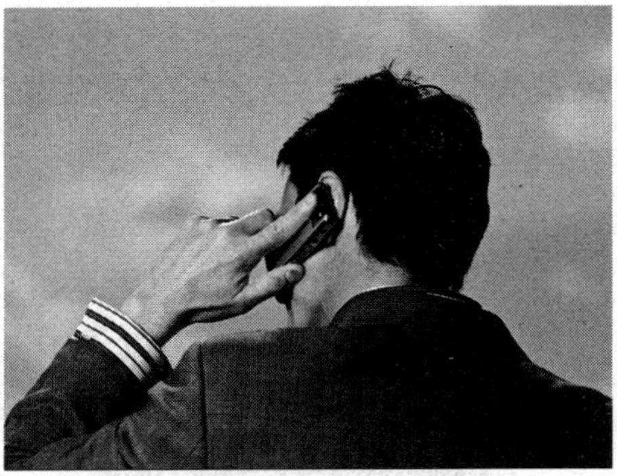

◆手机辐射会伤害人体

手机在我们生活中应用最广泛，我们先看手机的电磁辐射。当人们使用手机时，手机会向发射基站传送无线电波，而无线电波或多或少地会被人体吸收，这些电波就是手机辐射。所以长期使用手机会对人体造成伤害。一般来说，手机待机时辐射较小，通话时辐射大一些，而在手机号码已经拨出而尚未接通时，辐射最大，留意观察你会知道，来电话或者拨电话的时候，边上的音箱能告诉你这看不见的东西。

电器	咖啡炉	传真机	电熨斗	录像机	VCD
电磁辐射量	1mG	2mG	3mG	6mG	10mG
电器	音响	电冰箱	空调	电视机	洗衣机
电磁辐射量	20mG	20mG	20mG	20mG	30mG
电器	电饭锅	打印机	吹风机	手机	电脑
电磁辐射量	40mG	40mG	70mG	100mG	100mG
电器	电须刀	电热毯	吸尘器	无绳电话	微波炉
电磁辐射量	100mG	100mG	200mG	200mG	200mG

◆家庭常用电器电磁辐射监测数据参考表(mG 毫高斯)

电脑、电视、洗衣机、电冰箱甚至电吹风等每日与我们接触的电器，辐射有多大？任何电器只要通上电流就有电磁辐射，大到空调、电视机、电脑、微波炉、加湿器，小到吹风机、手机、充电器甚至接线板都会产生电磁辐射，但各种电器产生的辐射量不尽相同。

电磁辐射预防小知识

日常生活中，电磁辐射无处不在，但只有超过安全限值的电磁辐射才会对人体造成危害。我国国家标准电磁辐射防护规定，辐射强度达 2 毫高斯（mG），就构成了电磁污染。我们应提高预防电磁辐射的自我保护意识。

首先我们的家用电器别扎堆摆放，以免出现超强度辐射区域；电脑的

后面是电脑辐射最强的地方，别在电脑身后逗留；水是吸收电磁波的最好介质，可以在电脑的周边放几瓶水（注意不能用金属杯盛水）；在电脑、电视屏幕前坐久了，要及时洗脸洗手，防止皮肤病变；饮食上补充人体的维生素A和蛋白质、多饮茶水；手机在刚接通时辐射是最大的，所以最好在手机响过一两秒后再接听。

◆加强营养能减少电磁辐射的危害

小知识

高斯是德国数学家、物理学家，9岁时就能很快算出1+2+…+100的和。为纪念他将磁感应强度单位定为高斯。

认清电磁辐射

电磁辐射对人体的影响虽普遍存在，却并不可怕。我们大可不必对电磁辐射“草木皆兵”。虽然电磁辐射随时随地伴随着我们，但是，一般的电子产品只要我们远离它达到1米到1.5米，电磁辐射就会降到很弱。只要我们在不用的时候关掉或者远离它们，平时加强锻炼，提高自身素质，就能有效减轻电磁辐射对我们的伤害。电磁辐射并不是洪水

◆为防电磁辐射没必要变成“套子里的人”

猛兽，我们没必要为防止电磁污染而变为“装在套子里的人”。

拓展思考

1. 你以前注意过电磁辐射吗？
2. 电磁辐射和电磁污染有什么区别？
3. 生活中预防电磁污染有哪些要注意的？
4. 电磁辐射应该怎么对待？

电子“海洛因”——沉迷

海洛因是一种毒品，人若吸食了就深陷不能自拔，成为丧失伦理的瘾君子，直到身体被折磨至油尽灯灭。而我们电子时代一些自制力差的人往往会在纷繁芜杂的电子产品前面迷失自己，沉迷于电子游戏机、电脑游戏中不能自拔，成了电子产品的奴隶，荒废了本该有的生活。电子产品对这些人来说可以称为电子“海洛因”。

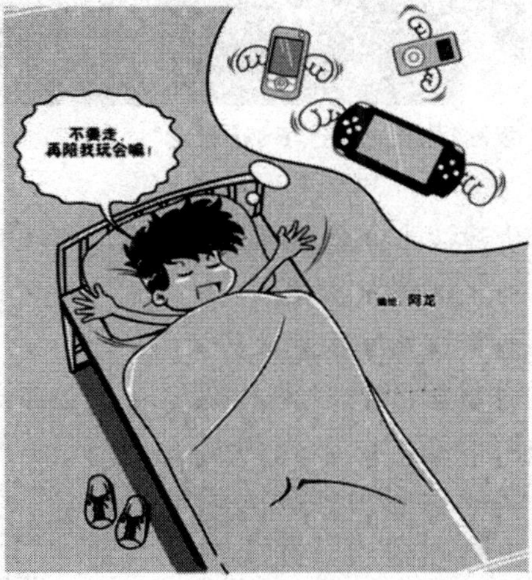

◆日有所思，夜有所梦——沉迷

特别是我们青少年在电子“海洛因”面前更容易迷失自己，成为它们的俘虏。而这些电子产品成为了“好学生的滑梯，坏学生的坟墓”，成为了家长眼中的“洪水猛兽”，避之不及。是这些没有生命的电子产品的错吗？还是我们自己应该反思呢？

电子时代的“怪病”

瑞士日内瓦大学医院曾接收了一个 12 岁的“PS 手掌病”女患者。就诊前，她手掌心红肿疼痛超过 4 周。医生诊断，她患上的是特发性小汗腺炎。这种病常发于脚掌，一般为运动过量所致，很少长在手上。女孩父母回忆，女儿近期从未进行体育运动，手也没受伤，只是在患病前迷上 PS 游戏机，每天要玩数小时。

医生认为，PS 游戏机是罪魁祸首。玩家长时间紧握游戏手柄并重复按键盘会轻微损伤手掌，长期累积最终成了“PS 手掌病”。患病女孩接受医

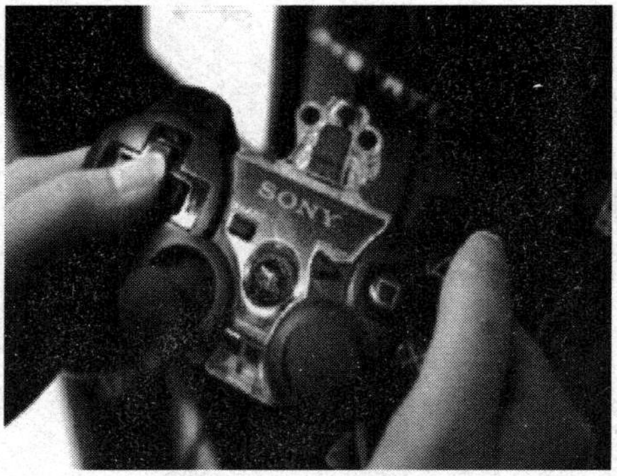

◆长期操作易患“PS手掌病”

◆青少年沉迷电视易患抑郁症

生建议，完全不玩电子游戏，10天后便痊愈了。

过度沉迷高科技游戏机及电子产品，将会带来手指酸痛、肘部发炎、肩关节僵硬等各种肌肉或骨骼损伤，一旦患上这种病就很难治愈，影响我们一生。现在甚至小于七岁的儿童也开始出现症状，令人担忧。

抑郁症是世界主要非致死性疾病之一，通常始于青春期和成年早期。电子媒体传递的信息可能使人们更具攻击性，并引起恐惧、焦虑等不良情绪，阻碍人格发展。人们沉迷于电视、电脑，就没有时间参与社会交往、进行体育运动或学习知识。而这些活动恰恰有助于抵御抑郁症。

青少年沉迷电子产品者若每晚睡觉少于6.5小时，或睡眠质量欠佳，患高血压的风险将增加1到2倍。而年少时就患高血压，将增加成年患心血管病的风险。

还有“鼠标手”、“拇指族后遗症”等这些电子时代的产物，患者的年龄呈越来越小的趋势。

更深的危害

◆这样怎么能听好课?

◆电子游戏成瘾越来越低龄化

在家长眼里游戏上瘾最大的危害莫过于影响孩子学习了。称游戏为“好学生的滑梯，坏学生的坟墓”也是有据可依的。我们身边就不乏因沉迷电子游戏而严重影响学习的例子。

看看我们身边的电子产品，漂亮的外表、充满诱惑的内容，让自制力处于薄弱期的青少年无法抗拒。吃饭、课间、上课，我们本该纯净的校园内都会看到不和谐的画面。

除了打游戏投入大量的时间、荒废学业外，沉迷游戏还会对青少年的身心造成严重的伤害。现在，网络的发展如日中天，网络游戏产业花样翻新速度惊人。在这个虚拟的世界中，玩家很多是中学生。其中少部分人，由于种种原因陷进这个虚

电子时代高速发展的当今，青少年犯罪呈现上升趋势。这与上网低龄化、游戏成瘾低龄化有关。电子游戏上瘾会带来一系列不良后果，包括导致有侵犯性和暴力倾向的行为。

拟世界无法自拔，即网络游戏成瘾。北京市做的一项调查显示，中小学生上网达到81.3%，其中有60.7%的学生上网玩游戏。可见我国中学生上网人数很多，他们上网的主要目的是玩游戏。这其中少数已经对网络游戏成瘾。成瘾的最主要表现就是：上网时精神兴奋，随着乐趣的不断增加，试图减少操作时间却难以做到；早晨起床后，就有一种想立即上网操作的渴望；有关网络上的情况反复出现在梦中或想象中；初始是心理上的依赖，渴望上网，而后发展成躯体上的依赖，表现为情感冷漠，精神抑郁，烦躁易怒，睡眠障碍，思维迟钝，精力不足，头昏眼花，食欲不振等等，严重阻碍了中学生的健康发展。

警钟长鸣——“不该发生”的惨案

◆沉迷于虚拟世界

沉迷游戏对青少年精神上的创伤是巨大的，同时也产生了大量的社会隐患。据报道，一名15岁的少年因沉迷于网络游戏，竟然在半夜持刀砍杀了自己的母亲，在抢得8000元后离家逃走。无独有偶，一名17岁中学生网络游戏成瘾，分不清现实与游戏世界，竟在通宵玩游戏时，半夜将网吧里一名男子杀死而全然不知，第二天清晨经网吧的有关管理人员发现后报案，这位中学生才清醒过来。

网络本该拓宽中学生的求知途径、扩展中学生的交往面，网络的平等性本该为中学生创造出自我实现的新空间，网络的全球化本该促使中学生现代意识和全球意识的萌发等等。但网络游戏成瘾使少数中学生成为了网络的受害者，妨碍了中学生健康成长，也给家庭、学校对中学生的教育和培养设置了障碍。

防沉迷，我们该怎么做

沉迷游戏带来的伤害是痛苦的，但这并不是游戏本身的错误。电子游戏是一把双刃剑，闲暇时适当玩一下确实可以放松身心，但是，如果过度痴迷，玩上了瘾，非但不能解压，反倒会葬送青春、玩物丧志。在充满诱惑的电子游戏面前，我们该怎么做才能防止沉迷其中呢？

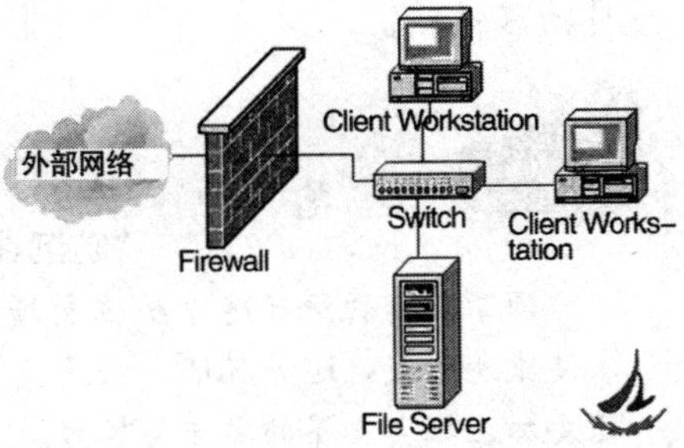

◆设置“防火墙”，引导学生健康上网

◆积极参与健康网络的讨论

◆限制未成年人上网

防止沉迷于电子产品是我们社会各个角色共同的责任，需要我们共同努力构建一个“防沉迷系统”，来帮助那些沉湎于电子游戏的少年。首先，作为我们中小学生，要认清沉迷于虚拟的游戏世界的心理原因。经心理学专家分析，寻求心理需要的满足，本末倒置地在虚拟的电子游戏世界遨游，与现实生活的距离越来越远，甚至分不清现实与虚拟世界的界限，社会适应能力越来越差，反过来更向电子游戏逃避，最后形成一种恶性循环。这就是中学生电子游戏成瘾的重要心理原因。我们平时就要注重自身的心理健康，用科学的方式寻找心理满足的归属。可以在我们同学中进行如何控制上网聊天时间、如何选择真诚而有益于自己成长的网友、如何警惕网络陷阱，拒绝电子“海洛因”等问题的广泛讨论，甚至可以以辩论会的方式来进行自我教育。

防沉迷系统需要整个社会的支持，包括学校、家长、政府、网吧、游戏供应商等。有了各方面的支持，即使你已经沉迷于电子产品，也不要痛苦无助，只要调整好自己的心理，多和老师、家长沟通，相信自己会走出

这片沼泽地的。

万花筒

"防沉迷系统"软件

国家出台的防沉迷系统强制增加到网络游戏中，帮助未成年的游戏玩家健康地游戏，避免沉迷。它是我们本节所说的"防沉迷系统"的一部分，还要加上社会各界的参与与努力。

拓展思考

1. 你有上课玩游戏的经历吗？有上课发短信聊天的爱好吗？想想这些给你带来什么危害？

2. 青少年沉迷于网络游戏的心理原因是什么？

3. 你参与过"杜绝课堂游戏"、"拒绝沉迷网络游戏"的相关活动或讨论吗？谈谈你的想法。

“没有你，我怎么办?”——依赖

人类栖息在美丽的地球上。神奇的地球表面，包裹着厚厚的大气层，它是我们人类赖以生存的保障，我们时时刻刻都不能离开大气的恩赐。自由地呼吸，我们依赖氧气而维持生命，就像鱼儿离不开水一样，这是生命的依赖。

◆电子产品依赖

电子技术大发展的今天，电子产品琳琅满目，完全占据了我们的生活。这时，你有没有这样想过：假如地球上电子产品全消失了，我们人类该怎么办？再假如你最最钟爱的一种电子产品世界上找不到了，你会寻死觅活吗？如果是，我必须郑重地警告你，你已经对这类电子产品产生了极强的依赖性，你需要求助于心理医生了。

依赖会发展成病症

依赖怎么也能发展成为病呢？一点不假，你有没有这样的经历，对某件物品非常喜欢，并且投入了很多个人情感在上面。本来每天都能看到它或者使用它，你已经习以为常。突然有一天，由于什么意外这件物品没有了，你会是什么感觉呢？正常人能够靠自我调节，慢慢接受这个变化。但是如果不能接受这个现实，并做出异常举动时，你要小心是否有依赖症的倾向了。

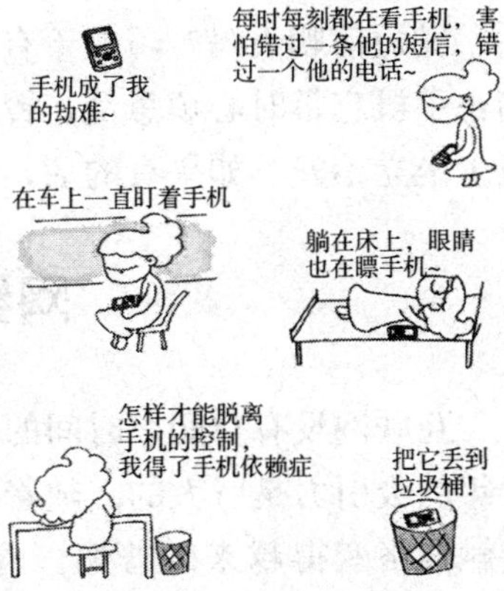

◆手机依赖症

现实生活中关于依赖症的表现是千奇百怪的，过于喜欢或者寄托过多情感在某个人身上时，会产生情感依赖症；如整形过一次的人，会不自觉地整形上瘾，表现出整形依赖症；现在电子时代，对电子产品的依赖也很值得我们关注。

你对手机依赖吗？

◆手机依赖危害大

如今，手机这种通信工具所承载的职能已远不只是一般沟通工具那么简单。现代手机功能异常丰富，可以说是没有做不到、只有想不到。一部一般的手机像 MP3、游戏、拍照、收音机这些功能都不在话下，高级一点的看电影、上网甚至录像功能都有。现在手机的浪潮已经冲击到了小学校园里。我们的青少年是聪明的，家长买手机的初衷是方便联系，但是到我们中小学生手里诸多功能便被“开发”出来了。

你有手机吗？你习惯于用手机听音乐、玩游戏吗？经常跟同学打电话、发短信聊天吗？习惯于有手机陪伴的你，不知道有没有遇到如下的烦恼：手机忘带时心烦意乱、铃声不响左顾右盼、铃声一响条件反射、来电减少坐立不安。如果有的话，你就要反思一下拥有手机的初衷了。

网络依赖影响大

互联网没有空间、时间的限制，是一个奇妙的虚拟天地。这对我们青少年的吸引力是巨大的。随着个人电脑的普及以及宽带业务的家庭化使得接触网络变得越来越普遍。青少年上网的主要内容有查找资料、网上聊天、网上冲浪、网络游戏。

现实生活中由于社会的复杂和教育的现状，加上青少年迅速增长的要求独立的意识，在虚拟的网络世界里，又可以随意发挥，满足了青少年自我实现的需要。面对充满诱惑的网络青少年很容易沉迷其中，逃避现实世界。长期的网上经历便形成了对网络的依赖性，深陷其中，不能自拔。我们可以将其分为网上聊天依赖、网上搜索依赖、网上冲浪依赖、网络游戏依赖。严重的网络依赖症可导致抑郁症等。这种网络依赖症潜伏期很长，有时候网迷们往往不知道自己的痛苦来自何处，所以很难对自己的病症有所察觉。

◆网络搜索依赖症

游戏警钟——小学生热衷当“农夫”

时下，一种和田园生活有关的网络游戏正在风靡：在一个属于自己的农场里，既可以种植各种蔬菜瓜果，还可以养家畜和宠物，此外，还可以当“小偷”……

就读于昆明市某小学五年级的程程就是开心农场的一位“老农”，偷菜半年多来，在不同的偷菜网站注册了自己的账号并结识了很多“农友”。每天放学回家，第一件事就是迅速打开电脑上网进“农场”，先把蔬菜和动物全部收掉，再顺便把所有好友已经成熟的作物偷一遍。还专门拿个本子做记录，上面都是别人家作物成熟的精确时间。“一到时间，哪怕是在写作业或正吃饭，他都会冲到电脑面前争分夺秒地

◆迷恋“偷菜”游戏荒废学业

抢收。”

有调查显示，“偷菜”之风已从白领阶层蔓延到了校园。越来越多的中小学生纷纷加入到了“农场”这虚拟社区中。“今天，你偷菜了吗?”已成为不少学生挂在嘴边的流行语。当偷菜也成了每日的“功课”，定闹钟上网偷菜，偷不着浑身难受，不偷就会茶饭不思、寝食不安时，就产生了对游戏的依赖症，就会对我们生活学习造成危害了。

有了“依赖”该怎么办?

当你能够意识到已经对某种电子产品产生了依赖，这说明你内心的潜意识是对依赖有抗拒的。其实，产生了依赖症并不是什么严重的病症。首先需要我们培养自己忍受孤独的能力，学会享受一个人的时光，不过分依赖某种电子产品。其次认清电子产品只是为我们服务的工具而已，而网络同样是为我们现实生活服务而建立起来的，不被那虚幻的世界所迷惑。客观正确地认识自己，才是改善依赖症的关键一步。

拓展思考

1. 假如没有了手机，对你影响有多大?
2. 依赖症是一种什么样的病症? 它可怕吗?
3. 你平时上网吗? 大概一天上网时间是多少呢?
4. 调查自己身边的同学，统计他们对电子产品依赖的程度。

走出来，便是另一片天空——掌控电子产品

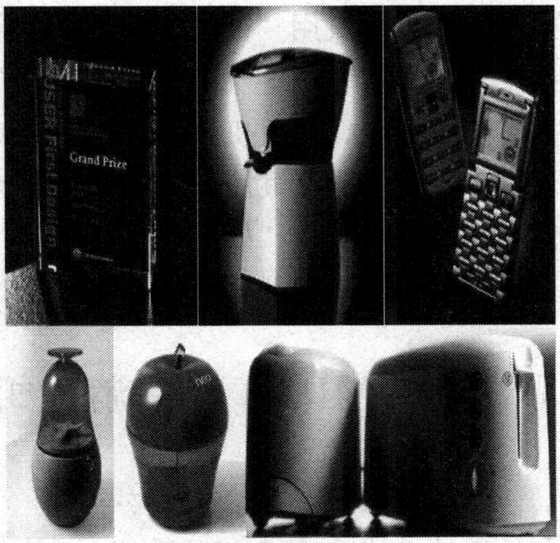

◆电子产品没有错

电子产品带来如此多的问题，这到底是谁的过错呢？我们可不能冤枉无辜的电子产品，它们是没有生命的，是人类的聪明才智造就了它们的存在。同时，我们也决不能因此而否定电子产品存在的价值。

电子产品是科技发展的产物，是人类智慧的结晶。各类电子产品的发明也绝不是为了制造麻烦。现代电子产品引起的诸多问题，责任在于使用电子产品的人。电子产品只是为了改善人们生活而发明的工具，面对如此众多功能强大的工具，你准备好怎么使用了吗？是迷失在电子产品强大的功能面前，沉迷其中不能自拔？还是让它们服服帖帖为你服务，为你快乐的生活增添色彩呢？

手机该不该有？

面对手机走进中小学校园是该“禁”还是该管的话题，学生、家长、老师各有说辞。

“妈妈，给我买个手机吧！我保证期末考试得高分。”15岁的明明向妈妈提出了这个要求。这个要求难住了明明的妈妈林女士，“我不差钱，可买了后，他真的就能好好学习吗？我担心反倒会害了他。”家长的担心完全可以理解，看看我们现在的手机真是无所不能，完全超出了通信的基本功能。游戏、MP3、上网样样俱全。老师反映：“现在很多学生拿手机，并不是主要作为通信工具来使用的，一些学生沉迷其中的娱乐功能，扰乱老师上课，甚至利用手机发短信考试作弊，这些给孩子的身心带来极大危害。”

到底中小学生有手机是好还是坏，其实最重要的要看我们中小学生怎么用了。有了手机方便联系家长、老师，有问题可以及时和同学交流，确实会带来极大的便利。但是一些自制力差的同学，大力“开发”手机的其他功能，把手机用“歪”了，老师、家长的担心确实有道理。一些学校直接禁止学生带手机进校园的做法也确有苦衷。

所以，怎么用手机我们自己是主宰。发挥了手机的功能，作为便捷的通信工具就能物尽其用。沉迷手机聊天、游戏，影响学习，被手机本身所左右，就成了它的“奴隶”了。

MP3、电子游戏机——生活真丰富

随着社会的发展，各种娱乐化电子产品已成为青少年所追求的时尚，并且上升势头迅猛。青少年娱乐电子化是电子技术的发展本身所带来的魅力，青少年求新求异、追赶潮流的个性使他们对有一定技术含量、代表时尚潮流的数码产品“情有独钟”。

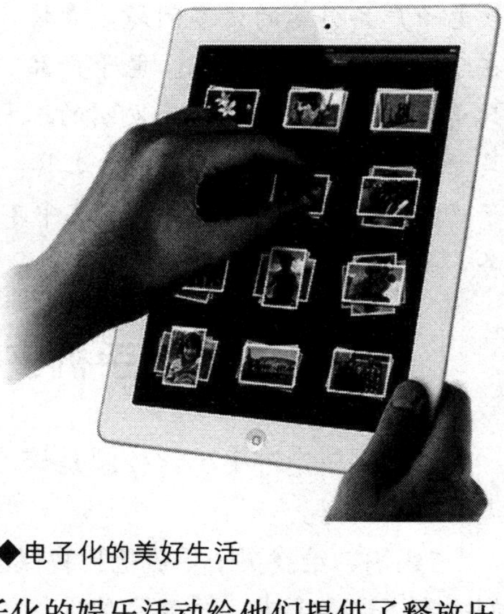
◆电子化的美好生活

青少年对电子产品的学习能力比其父母强，让他们的心理上有一种满足感；另外，电子产品给青少年提供了一个独立的生活空间，让他们以为自己能掌控自己的生活。电子化的娱乐活动给他们提供了释放压力的出路和精神抚慰。

上网可以增长青少年的见识，看电视可以让他们了解人情世故，使用MP3听音乐可以陶冶性情。这些数字化电子产品是使我们生活更加丰富的

工具，但绝不是我们逃避现实的港湾。有了这些生活中多了许多娱乐方式，但这些只是娱乐，并不是生活的主题，更不是生活的全部。每个时代的潮流都会给生活在该时代的人身上打上深刻的烙印，我们青少年处在电子化的海洋中，请让数字化给青少年更多有益的滋养吧！

抵挡网络游戏的诱惑

“任何娱乐方式都是双刃剑，电子产品不断更新，可以满足青少年追求个性的心理，但无可否认，网络游戏对青少年成长的弊端也不容小觑。”有专家这样指出。对网络游戏的攻克和征服让很多青少年体会到现实中缺乏的强烈的成就感，但是如果我们只是沉醉在这种虚拟的满足中，而没有将在虚拟世界中的“威风”作为现实世界的追求目标，在现实世界里，我们还是一无所获。青少年接受事物的能力很强，很多游戏成年人都玩不好，到了青少年手里上手很快。如果把这个优势在现实世界中开发出来，我们每位同学都是不容小觑的。

只要我们树立我们自己的现实目标，认清网络游戏只是我们人类娱乐的手段，不被虚幻的世界所迷惑，我们就不再有沉迷网络游戏的烦恼了。

◆网络游戏漂亮的画面吸引不少青少年

生活，原来如此美好

◆美好的数字化生活

电子时代的到来，是我们人类的进步。但是我们不能沉醉于这种进步而停止不前。如果我们只是把人类文明进化过程中的产品当作了玩乐的工具，那是对人类进步的“糟蹋”。我们的生活原本除了电子产品还有很多美好的东西，同学间畅快的欢笑、温馨家庭、未来的畅想、成长的快乐，我们的生活内容本就很丰富、很美好。就让我们利用好这些凝聚人类智慧的电子产品，精彩我们的生活、创造更美好的未来吧。

拓展思考

1. 你拥有自己的手机吗？应该怎么来使用它呢？

2. 你都在什么时候拿出自己的MP3、电子游戏机？

3. 电子产品对你的生活影响大吗？是使生活更美好了？还是只是占据了你的时间？

4. 如有条件去体验一下网络的魅力，利用网络查询生活中你不理解的现象，看网络能给你多少帮助。

让梦想起航

——未来电子世界

身处如此丰富的电子世界里，你有没有畅想过未来电子技术将发展成什么样子？以现在电子产品更新换代的速度，也许你任何的电子梦想都能在将来得以实现。

未来，也许计算机没有这么复杂的外观，也许计算机没有了键盘、鼠标，也许计算机能在我们身体里游荡，也许电脑也能懂你的心思，也许空间能感受你曼妙的舞步给你配上和谐的音乐，也许你刚走出校园家里电器就开始做饭……

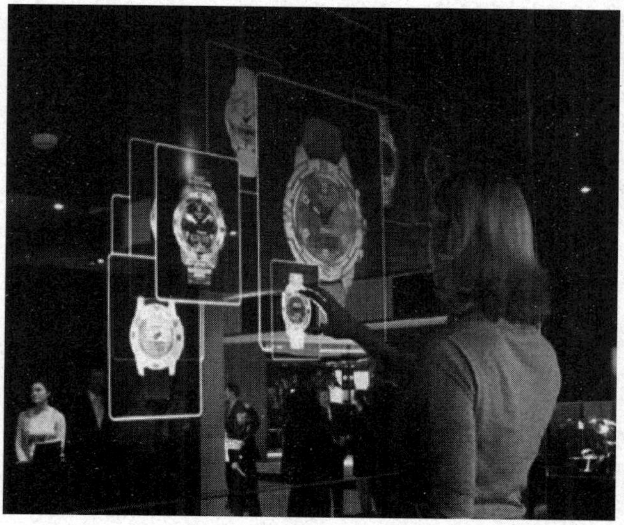

科技的引领者——未来计算机

在电子技术发展过程中，计算机是电子科技各个阶段发展的见证者。现在，计算机的应用非常广泛，几乎渗透到科学的任何一个领域。

我们身边的个人电脑只是计算机发挥作用的很小一部分，它提供通用的功能，改变着我们的生活。其他众多专业方面的应用，计算机发挥着更大的作用。

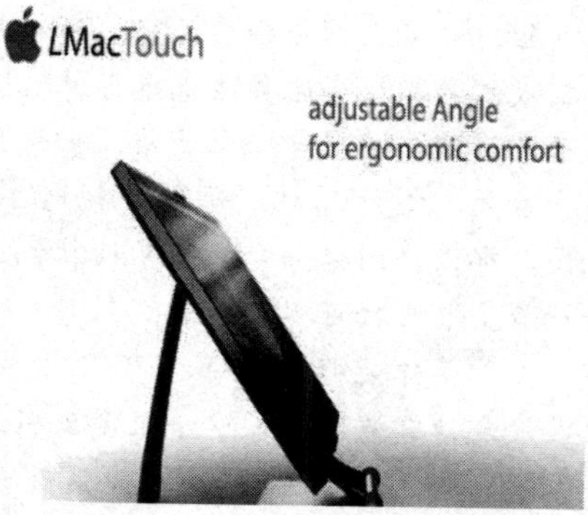

◆概念计算机

无疑，计算机技术的发展将极大地带动整个人类的进步。未来计算机会是什么样的呢？它的根本技术会发生改变吗？个人电脑的外形还会是这样吗？科技的力量是强大的，未来的计算机技术定会给我们带来意外的惊喜。

性能大提升

计算机的未来充满了变数，但性能的大幅度提高是不可置疑的，而实现性能的飞跃却有多种途径。基于集成电路的计算机短期内还不会退出历史舞台，但一些新的计算机正在紧锣密鼓地加紧研究。这些计算机是：超导计算机、纳米计算机、量子计算机、DNA 计算机和光计算机等。

◆计算机“走鹃”，每秒运算 1000 万亿次

点击——什么是超导体

◆神奇的超导现象

超导体是大自然的恩赐。自然界中有一些材料，当它们冷却到接近零下273.15摄氏度的时候，就会完全没有电阻，电流在其中畅通无阻。用超导体制成的计算机会比集成电路计算机速度快几百倍，功耗却小上千倍。如果目前一台大中型计算机，每小时耗电10千瓦，那么，同样一台的超导计算机只需一节干电池就可以工作了。

但是你能想象一下零下273.15摄氏度是什么概念吗？这个温度又叫绝对零度，我国东北冬天最冷能达到零下40多摄氏度，但还是无法与绝对零度相比。要制造出这么低的温度代价是巨大的。所以超导体从1911年发现后，研究一直进展不快。

可喜的是，现在科学家已经将超导体出现超导现象的温度提高了很多，而且还一直在为此奋斗着，企图寻找出“高温”的超导材料，甚至是常温超导材料。一旦这些材料找到后，超导计算机将会问世，计算机性能将会得到革命性的提升。

纳米与量子计算机

我们已经知道，纳米是非常小的长度单位。在纳米尺度下，利用有限电子运动所表现出来的量子效应，能制造出纳米级的芯片。利用纳米芯片能够制造出非常小的纳米计算机。

量子计算机以处于量子状态的原子作为中央处理器和内存。由于原子具有在同一时间处于两个不同位置的奇妙特性，即处于量子位的原子既可以代表0或1，也能同时代表0和1以及0和1之间的中间值，故无论从数据存储还是处理的角度，量子位的能力都是晶体管电子位的两倍。其中的道理是不能用常规的思维方式来解释的：假设一只老鼠准备绕过一只猫，

◆量子计算机

根据经典物理学理论，它要么从左边过，要么从右边过，而根据量子理论，它却可以同时从猫的左边和右边绕过。

小博士

量子效应

量子效应是在超低温等某些特殊条件下，由大量粒子组成的宏观系统呈现出的整体量子现象。根据量子理论的波粒二象性学说，微观实物粒子会像光波水波一样，具有干涉、衍射等波动特征，形成物质波（又叫德布罗意波）。

不可思议的光和 DNA 计算机

光计算机是用光束来代替电子进行计算和存储，它以不同波长的光代表不同的数据，以大量的透镜、棱镜和反射镜将数据从一个芯片传送到另一个芯片。由于光的速度极快，光计算机比现在集成电路计算机性能提高很多。但研制光计算机，需要开发出可用一条光束控制另一条光束变化的

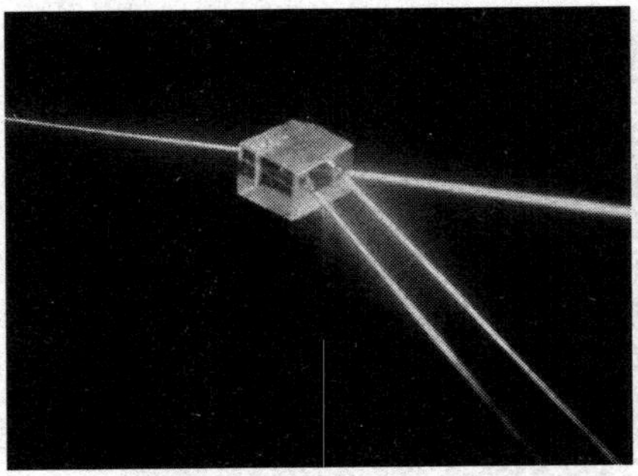

◆科学家成功地将光束“冻住”一秒钟，为光计算机研制带来希望

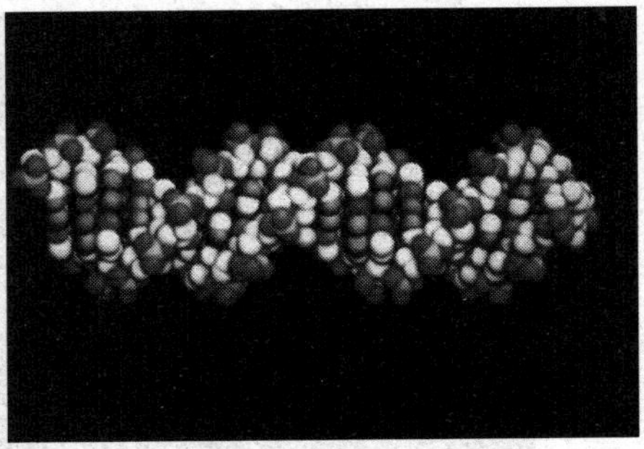

◆DNA螺旋结构

光学“晶体管”。现在研制出的光学“晶体管”庞大而笨拙，若用它们造成台式计算机将有辆汽车那么大。所以光计算机还有很长的路要走。

◆利用DNA结构研制的处理器

DNA中文名为脱氧核糖核酸，是染色体的主要化学成分，被称为“遗传微粒”。犹如计算机的指令，DNA引导着生物的发育与生命机能运作。人类通过研究DNA，用DNA碱基对序列作为信息编码的载体，在试管内控制酶的作用下，使DNA碱基对序列发生反应，以此实现数据运算。计算不再只是简单的物理性质的加减操作，而又增添了化学性质的切割、复制、粘贴、插入和删除等种种方式。DNA计算机的最大优点在于其惊人的存储容量和运算速度：1立方厘米的DNA存储的信息比一万亿张光盘存储的还多；十几个小时的DNA计算，就相当于所有电脑问世以来的总运算量。

扔掉键盘和鼠标?

你能想象没有鼠标键盘的计算机将是什么样的吗？怎么和计算机交流呢？大名鼎鼎的微软创始人比尔·盖茨曾预言，电脑键盘和鼠标将会被更新换代，会被更直观的科技手段代替，如触摸式、视觉型以及声控。没有

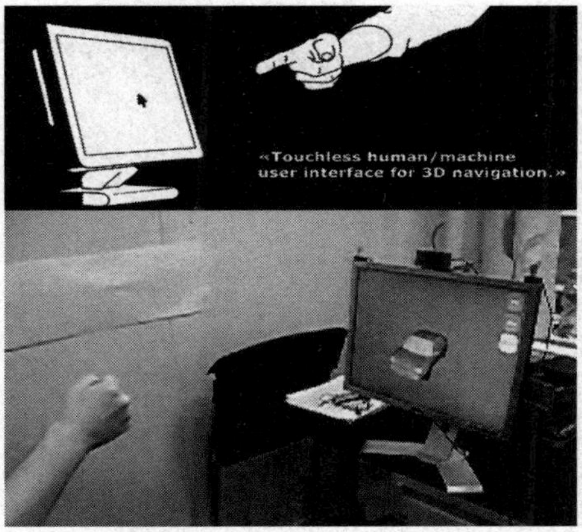

◆手势控制计算机动作

鼠标键盘，人类可以直接通过语言与机器进行交流，甚至只需要一个眼神、一个手势，计算机就能很快作出反应，见机行事。不用键盘，扔掉鼠标，能辨声识图像的未来电脑将带来一种新的人机交流模式。

神奇的神经计算机

我们人类的大脑有 140 亿神经元及 10 亿多神经键，每个神经元都与数千个神经元交叉相联，它的作用相当于一台微型电脑。人脑总体运行速度相当于每秒 1000 万亿次的电脑功能。神经电脑便是用许多小处理器模仿人脑的神经元结构，构成一个分布式网络。神经电脑除有许多处理器外，还有类似神经的节点，每个节点与许多点相连。若把每一步运算分配给每台微处理器，它们同时运算，其信息处理速度会大大提高。神经计算机能模仿人的大脑判断能力和适应能力，并具有可并行处理多种数据功能的神经网络。神经电脑将具有类似人脑的智慧和灵活性，现在已经有很多科学家在致力于这方面的研究。

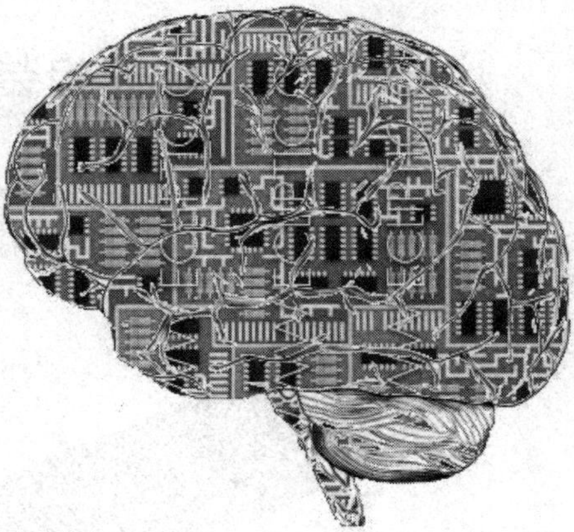
◆科学家希望制造出模拟人大脑神经的计算机

没有显示器的电脑

作为未来的计算机，首先便携性必须非常突出，现代计算机的屏幕大大限制计算机便携式的发展。若是没有了屏幕，那计算机尺寸将可大大减小。未来计算机也许将会变成现在我们的手机般大小，但是却不是手机般

的小屏幕。未来的计算机将不再有显示屏，这要依靠未来投影技术的发展。我们曾经在科幻电影里看到的，将计算机投影到空气中的技术将得到广泛应用。我们像手机一样大小的计算机，将不再需要显示屏，而显示的内容将以一个非常小的镜头投影到空气之中，或者人们可以戴着特殊的眼镜，作为显示屏，那样我们不但能拥有超级小的主机，而且还能极大地提高视觉效果。

◆未来计算机屏幕就地取材

自己组装的计算机

◆华硕“模块化”的概念机

未来计算机不光靠技术的提升，非常有创意的设计也可以给未来计算机带来诸多亮点。著名电脑公司华硕曾经出过一台概念型的个人电脑，它最大的亮点就是“模块化”，它将硬盘、光驱、内存、处理器、显卡、网络和USB适配器等都设计成一个一个小方盒子一样的模块，各模块之间使用智能的连接技术并采用非接触式电源进行供电。用户可以按照需要将所需要的模块装配起来。不过，从外形看它怎么都猜不到是台计算机，倒像是分开的几个文件夹，这种灵活的创意设计会让人眼前一亮。相信更多的创意应用于电脑，会给电脑的未来带来惊喜不断。

拓展思考

1. 你所了解的最新的计算机有什么改进呢？

2. 看到丰富的未来计算机，你对未来计算机有什么期待？

3. 现在很多知名的计算机的制造商发布很多未来概念计算机，可以自己上网查资料去了解。

机器也能变“聪明”——人工智能

你看过电影《人工智能》吗？里面那个机器人小男孩简直就跟真人一模一样，会学习，会有小脾气，还有一颗执著的“心”。

人工智能是人类的一个梦想，是想制造出具有人类智慧的机器，来帮助人类完成复杂的工作。人工智能已经是科幻类作品中一个备受青睐的题材，我们将自己的梦想寄于神奇的机器人身上，让他们有人类的外形，人类的智慧。我们的梦想会变成现实吗？人工智能还有哪些内容呢？

◆《人工智能》剧照

人工智能起源

我们知道，计算机是迄今为止最有效的信息处理工具，以至于人们称它为“电脑”。但是现在计算机跟人脑的智慧比还相距甚远，它们没有自学习、自优化等能力，更缺乏社会常识、喜怒哀乐的情感，而只能是被动地按照人们为它事先安排好的工作步骤进行工

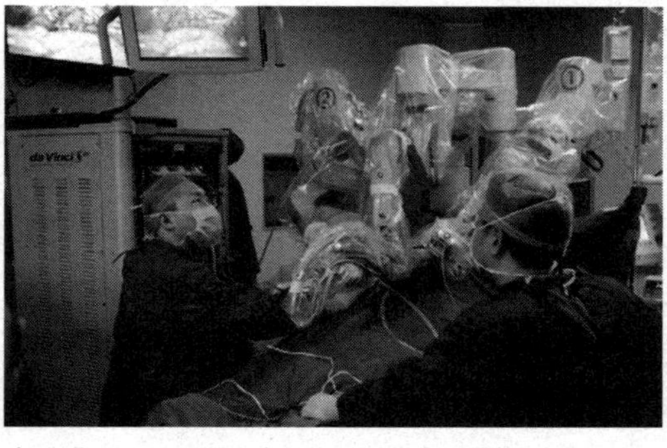

◆现代人工智能的应用——机器人做手术

作。因而它的功能和作用就受到很大的限制，难以满足越来越复杂和越来越广泛的社会需求。既然计算机和人脑一样都可进行信息处理，那么是否也能让计算机同人一样也具有智能呢？

人工智能的历史回顾

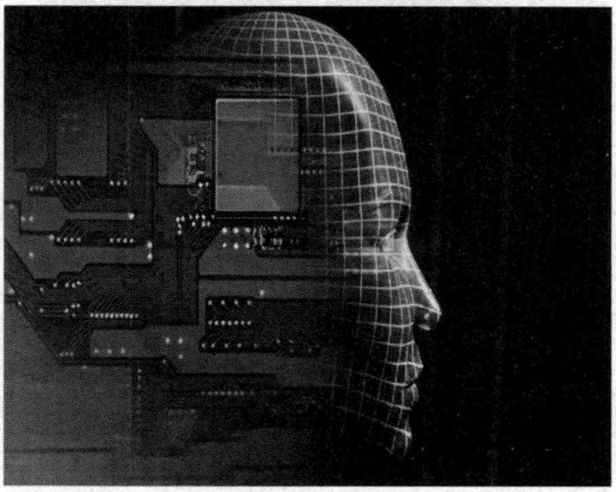

◆人类的人工智能梦源于计算机的发明

人工智能的研究早在1956年就开始了。当时主要目标是应用符号逻辑的方法模拟人的问题求解、推理、学习等方面的能力。问题求解是人工智能的核心问题之一，当机器有了对某些问题的求解能力以后，在应用场合遇到这类问题时，便会自动找出正确的解决策略，是能够举一反三的。

人们在对人脑神经网络的智能研究取得突破后，给人工智能指明了方向，形成了人工神经网络理论，这是一种基于结构演化的人工智能。

◆展览中的智能型机器人在向人们招手

在人工智能中，“学习”一词有多种含义。它可以指知识的自动积累，在问题求解中，它又指能根据执行情况修改计划。刚开始时人们对实现机器智能理解的过于容易和片面，认为只要有一些推理的定律加上强大的计算机就能有专家的水平和超人的能力。研究中出现了很多问题，例如机器翻译，当时人们往往认为只要用一部双向词典及词法知识，就能实现两种语言文字的互译，其实完全不是这么一回事。

轶闻趣事——经典“人机大战”

◆卡斯帕罗夫与电脑的“人机大战”

卡斯帕罗夫是国际象棋之王，其水平目前尚无人能比。1997 年 5 月，比著名的克隆羊多利的诞生晚几个月，人类举行了发人深思的国际象棋“人机大战”。在最后一局较量中，IBM 超级计算机“深蓝”仅用了一个小时便轻松战胜国际象棋特级大师卡斯帕罗夫，并以 3.5 比 2.5 的总比分赢得胜利和 70 万美元的奖金。

卡斯帕罗夫怎么会输给一台被他称为“怪物”的计算机呢？这位当今、也是有史以来实力最强的国际象棋大师自 1985 年夺得世界冠军以来，其世界第一的地位从未动摇过。赛前卡斯帕罗夫认为，人只要不犯错误总能战胜计算机。然而，人不可能不犯错误，卡斯帕罗夫在比赛中不止一次地出现失误。他慨叹道，仿佛有一只“上帝之手”在帮助“深蓝”。

链 接

“深蓝”计算机是 IBM 公司 1993 年开始研制的高科技产品。这台“深蓝”重量达 1.4 吨，有 32 个节点，每个节点有 8 块专门为进行国际象棋对弈设计的处理器，平均运算速度为每秒 200 万步。总计 256 块处理器集成在并行计算系统中，从而拥有每秒钟超过 2 亿步的惊人速度。

怎么才算是人工智能？

那么究竟达到什么程度的机器才能算作人工智能呢？“深蓝”算吗？1950 年英国数学家图灵（A. M. Turing，1912～1954 年）发表的《计算机

与智能》的论文中提出著名的“图灵测试”，形象地提出人工智能应该达到的智能标准。图灵在这篇论文中认为“不要问一个机器是否能思维，而是要看它能否通过以下的测试：让人和机器分别位于两个房间，他们只可通话，不能互相看见。通过对话，如果人的一方不能区分对方是人还是机器，那么就可以认为那台机器达到了人类智能的水平”。图灵为此特地设计了被称为“图灵梦想”的对话。

◆“人工智能之父”——阿兰·图灵

轶闻趣事——“图灵梦想”的对话

询问者：在十四行诗的首行是“你如同夏日”，你不觉得“春日”更好吗？

机器：它不合韵。

询问者：“冬日”如何？它可完全合韵的。

机器：它确是合韵，但没有人愿意被比作“冬日”。

询问者：你不是说过匹克威克先生让你想起圣诞节吗？

机器：是的。

询问者：圣诞节是冬天的一个日子，我想匹克威克先生对这个比喻不会介意吧。

机器：我认为您不够严谨，“冬日”指的是一般冬天的日子，而不是某个特别的日子，如圣诞节。

能达到以上要求的机器，可称得上真正的人工智能了。

你好，机器人

到底科幻电影中的机器人能不能实现呢？那位提出了相对论的科学家

曾说过："想象力是比知识更重要的东西，知识是有限的，而想象力概括着世界的一切，推动着进步，并且是知识进化的源泉。"科幻电影中的镜头是电影人发挥想象力的产物，是想象力与科学结合所产生的艺术品。随着科学的发展和人类思维的开阔，我们期待智能型的机器人能够成为人类的好朋友，共同开创美好的世界。

◆机器人舞者

拓展思考

1. 你了解人工智能吗？
2. 你看过人工智能方面的电影吗？有哪些呢？
3. 你认为什么样的机器才能算作人工智能呢？

我们未来的家——智能居家

◆和谐生动的智能居家

科技的发展是为了让我们的生活更美好，直接的体现就是我们生活环境的智能化。你听说过智能居家吗？

早上起来，轻轻按动床边按钮，窗帘徐徐升起，动听的音乐随之在空中回荡。起来洗漱完毕，厨房已经自动为我们准备好早餐。若一时赖床匆匆忙忙出了家门，走到路上才想起家里什么东西忘记关闭，你不慌不忙地掏出手机，接上网络，轻轻点击下，搞定！

这样的生活就是智能居家环境的写照，让我们一块来畅想未来智能化的生活空间吧。

怎样才算智能居家

我们所讨论的智能居家也叫智能住宅，英文叫 Smart Home。相似的叫法还有网络家庭、电子家庭、E－HOME、家庭自动化等等。智能居家是以我们家庭为平台，利用先进的网络通信技术、电子自动化技术、计算机技术、无线电技术，将与居家生活有关的各种设备有机地结合在一起，通过网络化的综合管理，让居家生活更轻松。

智能居家不仅具有传统的居住功能，而且不再是被动的，是具有能动性智能化的工具，提供全方位的信息交换功能，优化我们的生活方式和居住环境，帮助我们有效地安排时间，节约各种能源，提供优质、高效、舒

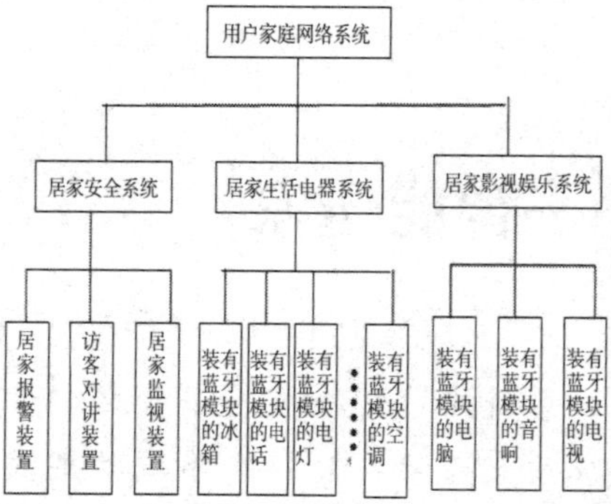

◆智能居家网络构成

◆智能居家轻松生活

适、安全的生活空间……

小故事——比尔·盖茨心中的家

“我的房子会是由木头、玻璃、水泥和石头建造的。它建在山上，大部分的玻璃窗都望向华盛顿湖和西边的西雅图，可以将夕阳西下以及奥林匹克山景尽收眼底。我的房子也是由硅芯片及软件建造的。硅晶微处理器及记忆芯片的装置，加上软件的带动，将使整个房子具备互动网络的特征，这是未来几年后上百万栋房子都会有的特征。今天我使用的科技是实验性的，但是过了一段时间之后，我所做的一部分将会被人们广为接受，同时也会比现在便宜，我的娱乐系统几乎可以仿真未来媒体真实的使用情况，我可以从中去感受与各种不同科技共存的情形。”

◆比尔·盖茨家的客厅

这是比尔·盖茨在他的《拥抱未来》一书中，对当时仍在兴建的豪宅所作的描述，《拥抱未来》这本书是20世纪90年代中期问世的，到现在十几年间，比尔·盖茨的预言有很多都已经成为现实。

智能居家全方位——居家安全

◆智能居家安防系统遇小偷自动亮灯、关窗、报警

◆入睡后，安防系统便自动开启

居家安全是智能居家系统中重要的一部分。为了整个家庭的财产和个人安全以及方便亲朋好友的来访，把电子监控设备与门禁系统纳入到了智能居家的行列中，借助一些传感器、互联网络和通信网实现全方位的安全监控。

居家安全系统使得你无论身在全球何处，都不必为家庭的安全担忧。你可以通过互联网和全球移动通信系统随时监控家庭的安全环境。同时，智能居家安全系统也能够实时监控非法闯入、火灾、煤气泄漏、紧急呼救的发生。一旦出现警情，系统会自动向中心发出报警信息，同时启动相关电器进入应急联动状态，从而实现主动防范。

另外，你不在家时好友来访，好友通过门禁系统给你发送请求，你连接上网络，可实时看到是谁来访，若需要请好友进家，你可以通过网络控制家门为好友打开。若是好友不想打扰你，可以通过留言告知谁来过，为什么目的。

智能居家全方位——智能家电控制

你是否感觉晚上睡觉前跑去关灯不方便？是否为夜里起来摸黑开灯懊恼？智能居家可不允许这样的事情发生。不论在家里的哪个房间，用一个遥控器便可控制家中所有的照明、窗帘、空调、音响等电器。例如，看电视时，不用因开关灯和拉窗帘而错过关键的剧情；卫生间的换气扇没关，按一下遥控器就可以了；遥控灯光时可以调亮度，遥控音响时可以调音量。

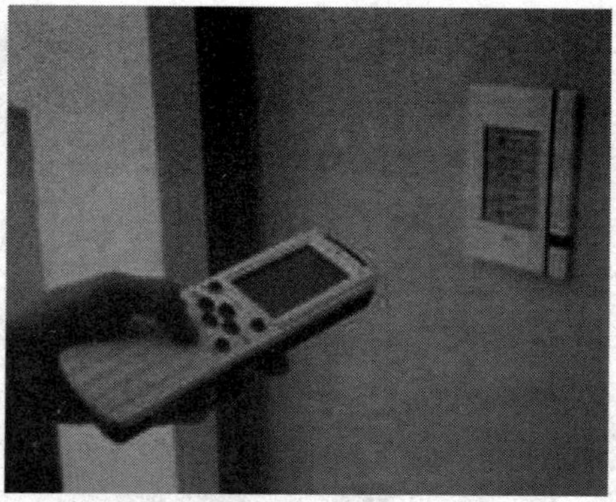

◆智能居家遥控控制

智能居家还可以通过互联网或者移动网络在任何时候、任意地方对家中的电器进行远程控制。在经过一天紧张的学习、工作后，你可以在单位或回家路上通过互联网向家里的电器发出指令，提前将家中的空调打开，调整到自己感觉最舒服的温度，让电饭煲、微波炉开始煮饭，甚至你输入晚上想吃什么菜，通过智能系统可以检查冰箱看你想要的菜是否还有，若没有，系统主动发信息给配送超市，当你到家时就会送到你家门口。

◆具有情景预设功能的餐厅

当你回到家中，轻轻摁下音乐键，居家系统自动打开卧室计算机，播放你最喜欢的歌曲。你洗完澡，打算吃饭，按下了遥控器上的用餐模式，霎时餐厅灯光调整到合适亮度，并且音乐也换成了轻快的爵士乐。晚上休息，不必担心那些电器还没有关闭，只需轻轻按下床头的睡眠模式键，电器该关的关，让你轻松进入梦乡。

智能居家全方位——智能娱乐系统

◆智能居家娱乐系统

作为高品质的未来居家生活，娱乐系统肯定也少不了。未来智能居家也将娱乐智能化，使我们在家中轻松享受生活。现在已经广泛推出的支持网络功能的电视机，就是智能居家娱乐系统的前奏。当你还在外忙碌时，可以通过网络控制家中电视机自动打开并录制下喜欢的电视节目，让精彩不容错过。同时任何网络上的节目你都可以在电视机上播放，自己计算机中的照片、音乐也可以在电视机上欣赏。对于爱玩游戏的用户来说，未来居家会给你带来前所未有的游戏体验，任何网络上的游戏都可以接入到电视机上，你手中的遥控器就变成了手柄，让你玩得尽兴。

出门在外时，你也不用随身带着移动存储设备，可以随时通过网络获取家里计算机中的照片、音乐、资料等，让生活轻松、自在。

智能居家离我们还有多远?

美妙的智能居家究竟离我们还有多远？其实智能居家并非遥不可及，甚至上面我们所介绍的情形现在人类已经实现。随着诸如电视机、空调、电饭煲、微波炉等家用电器接入到网络中来，今天的梦想可能就是明天的现实。

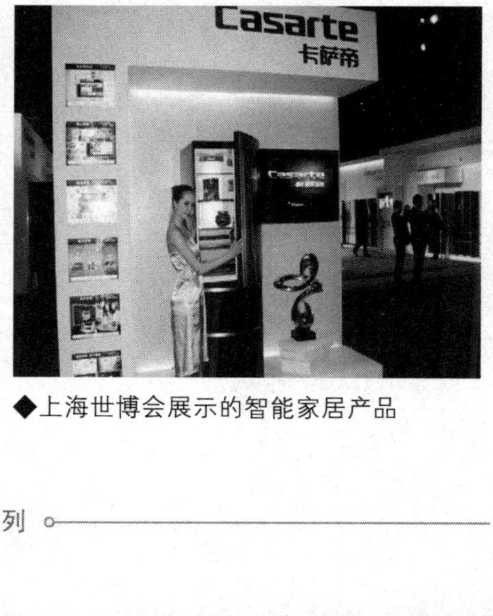

◆上海世博会展示的智能家居产品

举世瞩目的 2010 年上海世博会在上海成功举办了，科技首当其冲是世博会最大的亮点。未来的智能居家也在世博会上亮相，推出了智能家庭展示，让居家智能化离我们越来越近。

现在，智能居家虽然已经发展多年，但是它还是高高在上的奢侈品，昂贵的价格将普通百姓拒之门外。随着更多企业加入到智能居家的产品研发行列当中来，不久的将来，智能居家这只“王谢堂前燕”定会纷纷飞入“寻常百姓家”。

拓展思考

1. 你听说过智能居家吗?
2. 什么是智能居家? 和现在居家相比有什么特点?
3. 发挥你的想象，你认为未来居家还可能是什么样子?

沟通，还能更便捷——未来通信

◆未来卫星通信也大有可为

现在手机发展得如此之快，让我们深刻感受到通信领域的发展速度。随着现代 3G 的发展，通信更是日新月异。也许你会说现在的通信已经足够发达，未来通信还有什么发展空间呢？人类不会停止发展的脚步，通信其实可以比现在更便捷、更人性化。随着社会的发展，肯定会对通信提出更高的要求。现代通信中可视电话还没有普及，立体成像还没有实现，未来智能居家等会对网络通信提出更高的要求，我们通信的未来还大有可为。

手机还能叫手机吗？

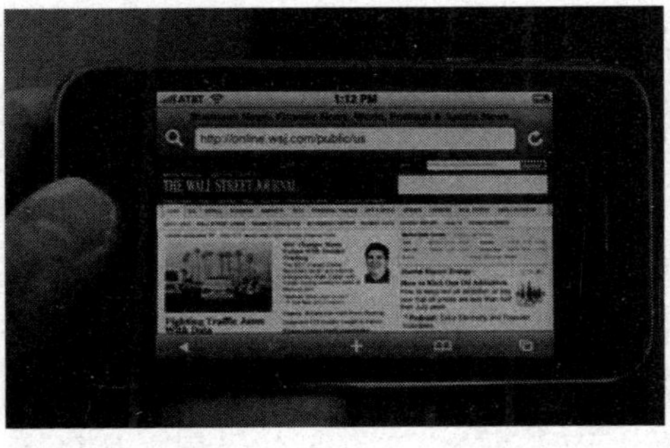

◆现代手机上网

未来的通信将会怎样？未来我们用什么来通信？无线通信的发展已经改变了我们的通信方式。当我们用手机来收发电子邮件，浏览自己最喜爱的站点，与最心爱的人可视交流时，手机成为一个多媒体的通信器；当我们用手机来购物、订机票、交易股票，事实上，我们正在进行着无线电子商务；当我们用手机实现智能居家控制，手机成为了一个无线网络的终端。无疑，手机已经远远超出了原本的通话功能，发展成了无线多媒体通信终端。

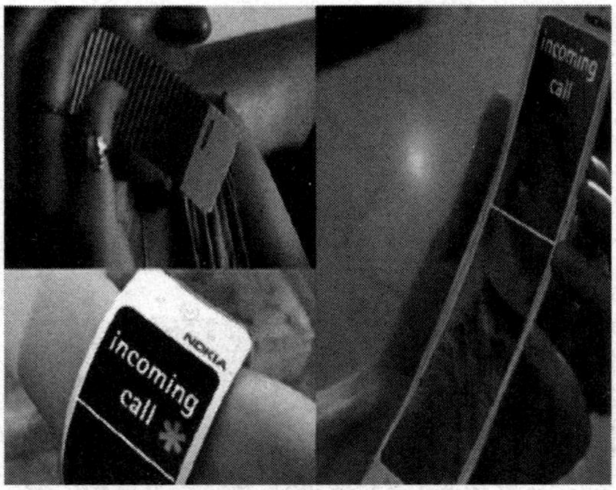

◆未来可戴在手上的手机

未来的手机会是什么样？手表、车钥匙扣、挂饰、眼镜，甚至化妆盒，这些过去看似平常的日常物品，都有可能是未来的手机。

其实称其为“手机”已经并不恰当了，更为准确的叫法应该是“个人无线通信终端”。随着芯片技术的不断发展，这种多样化、个性化的无线终端将逐渐成为可能。据业内人士分析，这种个人无线终端将体现出手机的两个发展方向：一个是向高速率传输的可视无线终端方向上发展，另一个就是体现个人通信的极端个性化。

◆未来个性通信工具

网络通信成主流

互联网是 20 世纪人类最重要的成就，同时也引起了通信界的前所未有的变革。以 IP 为主导的数据网真正使这个地球变得更小了，未来的通信也肯定是以互联网为主。通信终端日渐丰富和电信技术日新月异，正在为人们的通信带来前所未有的便捷和高效。无线通信突飞猛进的发展，从早期的模拟蜂窝通信到现在的数字蜂窝通信，从 GSM 到 CDMA，无线网络正

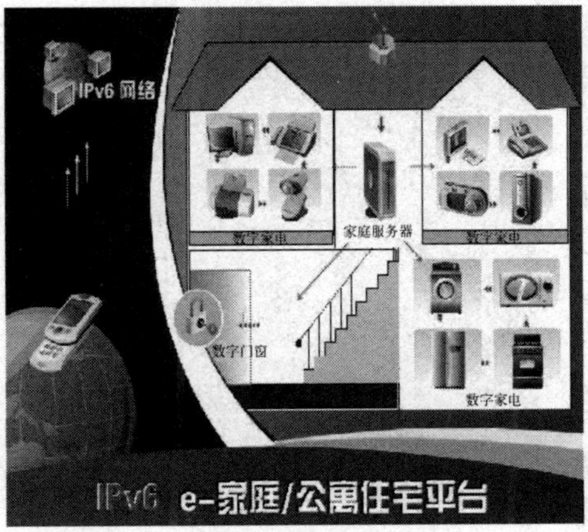

◆未来更多电子产品联上互联网

在把整个地球连接起来。把无线通信与因特网融合起来，将会是怎样的一个通信呢？事实上，这种融合已经给当今的通信带来了全新体验，正在给我们的生活带来革命性变化。

第二代数字移动系统 GSM 网络传输速率仅为 9.6Kbps，仅仅能够满足语音传输以及中文短信等初级的数据传输。到了第三代数字移动系统即 3G 时代，传输速率达到了 384Kbps，可实现高质量的图像传输，让可视电话成为了现实，无线上网、开展电子商务成为移动通信的主要业务。但到了未来的 4G 甚至更高的通信时代，传输速率又会成百倍地增加，能实现更大数据量的传输，完全能够支持像未来智能居家等对网络有更高要求的业务。

数据传输时单位时间传送的数据位数我们叫比特率，单位是Kbps，即千位每秒，其中ps指的是/s。这里的位数就是指二进制的每一个0或1。

未来的“面对面”通信

未来通信情景：丈夫去海洋彼岸开会了，今天是他们的结婚十周年纪念日。丈夫拨通了妻子的电话，妻子理好头发坐在桌子前接通了。桌子对面的椅子变得模糊起来，通过越洋全息影像丈夫的身影开始浮现在空气中。“亲爱的，你好吗?”丈夫发话了。房间的空调指示灯亮了一下，一阵栀子花香飘了过来。“你闻到了吗？是栀子花。”丈夫好像很兴奋。“我们现在还能通过网络远程地控制一些机构，能产生一些场力，这样就能远程地传递触觉，只要我们有足够的……”闻到清甜的花香，妻子想起 10 年前他们的婚礼。“窗台的栀子开花了，你不想帮我戴上一朵吗?”妻子看了看丈夫的手，相处 10 年的丈夫当然能感受到这一时刻的凝固和空气中漫开的爱。从桌面的那一端丈夫慢慢地将手伸了过来，妻子也下意识地把手伸过去，仿佛忘记了他们现在相隔一万千米，他们能感觉到对方手的温暖……

◆可“触摸”的沟通

这便是未来通信的缩影，未来通信传输速率会比现在大上千倍，能够实现立体的图像传输，并配合其他技术不仅能够传递图像，还可能实现“传递”触觉、嗅觉等，实现真正的“面对面”沟通。

知识库

全息影像

全息技术是利用光的干涉和衍射原理记录并再现物体真实的三维图像的技术。它不同于普通成像，只是记录物体面上的光信息，全息影像还记录了物体反射光的相对位置信息，这样能再现图像的立体感，具有真实的视觉效应。

拓展思考

1. 你对未来通信有着什么样的憧憬？
2. 对比现代通信技术，你认为未来通信会有哪些突破？
3. 你希望未来手机是什么样子的？
4. 查找资料，了解一下 3G 和 4G 网络通信技术。

今天的梦是明天的歌——未来电子大畅想

◆艺术与电子的结合——巨型纱幕

随着集成电路的发展，现代电子产品发生了天翻地覆的变化。短短几十年，电视机从小型黑白到了超大液晶屏，计算机从数吨重的身躯到携带轻便的笔记本，更有前景无限的互联网络，经过这个发展阶段的人们无不慨叹电子技术发展之神速。

十年、二十年甚至一百年后，我们身边的电子产品又会变成什么样子呢？现在的一些电子产品会被淘汰吗？还会出现什么让我们意想不到的新产品呢？让我们一同沿着电子技术发展的足迹，畅想一下它美好的未来吧。

随身可穿戴的数码产品

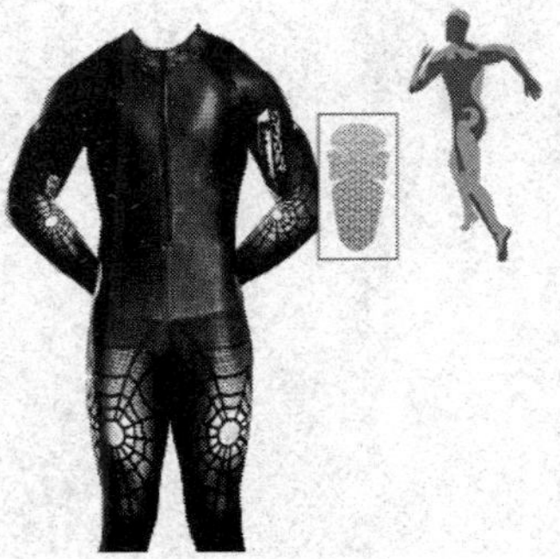

◆可穿戴电子产品构想

也许未来电子产品能够像衣服一样，方便地穿在我们身上。携带和使用这种产品非常方便，特别适合室外和机动场合下应用，具有许多独特功能。现在的可穿戴机已经能做到衣服内部，使计算机就如同衣服般附着在人体上。有的可穿戴机被做成手表、背包、戒指、发卡等人们随身佩戴的小饰品形式。佩戴这些小饰品可以帮助打台球的人准确测定角度与力度，不会跳舞的人佩戴这些小饰品能知道该怎么走舞步。也许未来会发展到芯片直接植入我们体内，来帮助我们随时关注自己的身体状况，并可以跟医疗机构通过网络连接，让你的医生能实时了解你的健康。

“最后的尾巴”

现在的电子产品，像电脑、电视机等都拖着一条长长的“尾巴”——电源线。你想过吗，未来的电子产品能甩掉这讨厌的“尾巴”吗？如果真的连供电都能实现无线，那世界真是太奇妙了。

◆无线供电研究成果——利用电磁场无线充电

其实这也不是什么幻想，英特尔公司的研究人员根据美国麻省理工学院物理学家们提出的原理，已经在研究这种无线电源技术了。未来计算机不再需要电源线，也不需要电池供电，通过无线电源装置能给电池充电！

链接：剪断最后的尾巴——无线供电

英特尔研究人员一直在研究的无线供电技术是无线共振能量链接（WREL）技术。他们已经成功演示了无需任何插头或电线即可点亮60瓦电灯泡的精彩一刻，完全可以满足一般笔记本电脑的电源需求。WREL的魅力在于它能够安全、高效地实现无线供电。

◆无线供电点亮灯泡演示

你听说过声音能震碎玻璃杯吗？一位训练有素的歌手用嗓音就能震碎一个玻璃杯，这是因为玻璃杯与声音发生了共振，吸收了声能而被震碎了。无线供电技术原理与此类似，无线供电装置依靠一组强力共振器，让几英尺远的电器共振而吸收能量。虽然这项技术还有很多工程难题需要解决，但是未来的电子产品很可能不再需要任何电线进行充电，要不就是依靠这种技术，不再携带电源，或是利用太阳能、动能等相关技术剪掉电子产品最后的尾巴。

知 识 窗

共振的产生

当一个物体在特定频率下发生振动时，引起另外一个物体以最大振幅振动，这个频率叫做被引起振动物体的共振频率。共振现象是自然界特殊的现象，在声学中叫做共鸣，在电学中叫做谐振。

另类超大手机屏幕

◆多款手机自由拼接屏幕构想

现在3G手机已经实现随时随地收看电视，在狭小的手机屏幕上收看电视虽然有一定的乐趣但同时也是对眼睛的残酷锻炼。有科学家提出一个非常惊人的模块化构想，把几个手机的屏幕拼接在一起组成一个更大的屏幕，就像目前演播室使用的超大屏幕监视器那样。屏幕的大小取决于有几个手机屏幕模块组成，并且可以自由组成任意形状适合不同需要。虽然我们现在还不能确定这种设想的可行性，但是这种非常有创意的构想给未来的随身可视产品带来了惊喜，也许，未来电子产品屏幕不会像现在这么累人，带给人的是可移动的视觉享受。

谈电子世界

身临其境的震撼

未来我们的电视也许就不会像现在这么单调，看到的是一个平面。3D的视觉享受也不再是只有到电影院才能实现的了。全息技术的发展，使得在未来全息电视走进千家万户成为可能。

现在研究的全息电视是由约100万片反射片组成，由电脑控制的反射片的角度能以每秒数千次的频率发生变化，改变反射或偏转的光束的角度，从而形成活动的画面。现在激光技术已经完全能够实现三维全息图像了。未来全息电视也许能用现有的液晶面板组成显示装置，这些液晶面板能随着电流的不同在透明和不透明两种状态之间迅速转换，从而形成全息图案。

◆三维的全息电视

拓展思考

1. 想象一下你身边喜欢的一款电子产品未来会变成什么样子?

2. 未来的电子技术发展是无止境的，面对现在电子产品出现的种种问题，思考一下未来电子技术发展需要注意哪些方面?比如电子垃圾、节能减排等。